高等院校"十二五"应用型艺术设计教育系列规划教材

广东高校美术与设计教育专业委员会推荐教材

# 数字绘画艺术

主　编　刘国基

副主编　李　新　郑东晴　莫曼先
　　　　程宝刚

参　编　马文镰　孙　宏　王小锋

U0295839

合肥工业大学出版社

**图书在版编目（CIP）数据**

数字绘画艺术/刘国基主编.—合肥：合肥工业大学出版社，2014.1
ISBN 978-7-5650-1685-1

Ⅰ.①数… Ⅱ.①刘… Ⅲ.①图形软件-教材 Ⅳ.①TP391.41

中国版本图书馆CIP数据核字（2013）第313805号

# 数 字 绘 画 艺 术

主　　编：刘国基
责任编辑：王　磊
技术编辑：程玉平
书　　名：数字绘画艺术
出　　版：合肥工业大学出版社
地　　址：合肥市屯溪路193号
邮　　编：230009
网　　址：www.hfutpress.com.cn
发　　行：全国新华书店
印　　刷：安徽联众印刷有限公司
开　　本：889mm×1194mm　1/16
印　　张：6
字　　数：228千字
版　　次：2014年1月第1版
印　　次：2014年2月第1次印刷
标准书号：ISBN 978-7-5650-1685-1
定　　价：42.00元
发行部电话：0551-62903188

# 总　序

在高等院校的艺术设计教育中，大家都在讨论如何培养学生的创新能力，这既是设计教学的根本理念，也是设计教学的实践方法，教材应该是这两者的集中体现。

本系列教材本着"致力探索性教学，培养创新设计人才"的理念，追踪国际艺术设计专业前沿，注重对学生全球视野与创新能力的培养，注重对学生专业技能和综合素质的培养；通过重构课程体系，改革教学方法，强化实践环节，优化评价体系，培养具有自主学习能力、社会就业能力和创新精神的艺术设计人才。

本系列教材结合艺术设计人才培养方案，强调应用型教育模式开展实践和创新教学，结合市场需求与人才培养做了大量的探索和研究。在专业方向的全面性和重点性、课程对应的精准度和宽泛性、作者选择的代表性和引领性、体例构建的合理性和创新性以及图文比例的统一性和多样性等各个层面都做了科学适度、详细周全的布置，堪称近年来高等院校艺术设计类教材建设的力作。

本系列教材不断探索的具有前瞻性的教学理念、教学内容、教学方法和教改思路，以教材的形式发挥示范和引领的作用。教材的内容具有时代感、突出创新性和可操作性，适应当今人才培养的要求，又与社会实际需要相结合，使教学成果获得广泛的应用和推广，为高等院校艺术设计类课程体系的改革发展做出贡献。

本系列教材的编著者均为广东省高校一直从事艺术设计专业教学的中青年骨干教师，他们充满活力，有很强的进取心和丰富的教学经验，自觉的超前意识和勇于探索的精神，积极参与学科建设和教学改革。他们针对目前我国高校艺术设计教育存在的问题，立足于设计教育教学的现状，从教学理念、内容、手段、方法等方面进行很有意义的尝试和探索，形成了本系列教材的以下特色：

1. 培养学生对造型基础形态和形式的综合理解能力，以及对材料的运用能力，激活基础训练过程中对视觉形态的观察和思考，摆脱固有形式法则的束缚，扩大设计过程中的创新表达和思维视角。有效提高学生的造型能力和激发艺术潜能。

2. 撇弃传统的知识灌输，将设计课题置于应用实践过程中，从而逐步掌握专业基础知识，解决学生专业技能的训练。在培养创新型设计专业人才的前提下，实施课题化教学过程，把讲授为主的"填鸭"教学转化为研究为主的互动教学；挖掘学生创造潜能，不仅构思阶段鼓励创造性，在学习方法、获得资源、组织资源、团队合作等方面都强调创造性，提高学生的创新意识、方法和能力。

3. 面对未来社会需要，强化基础知识与专业知识融会贯通。专业化学习的重点是如何将融通的基础知识运用于设计专业的跨界创新，让学生自主学习、独立思考、体验过程，使学生在解决问题的过程中学到知识与技能，并运用这些知识与技能从事开发性的设计工作。

4. 将设计专业教学与新技术、新媒体的综合开发和运用相结合，为艺术设计专业体系注入新鲜血液，探索各种新型材料、多种表现手法、多种媒体进行的多层次综合表现，探索新的组织形式和思考角度。

5. 将传统审美感觉与审美智性过程相结合，让学生从生活中发现美、感受美，从而强化美的直觉判断，提高审美鉴赏力。尝试构筑开放性的艺术设计教学体系，加强造型要素与形式规律的延伸、渗透和交叉的训练，在认识造型规律的同时进行形态的情理分析、审美意趣和精神内涵的理解，意象思维和艺术感染的强化训练。

6. 教师在专业课程的教学中充分发挥设计的功能和媒介作用，体现人的心理情感和文化审美特征，尝试更丰富、更新颖的设计表现形式和方法，使专业设计教学能够快速适应未来急剧变化社会的复合型人才培养。帮助学生具备更为全面的综合素质，积极回应未来社会对于复合型人才的需要。注重学生的创新性思维和实际动手能力的培养，注重实践与理论的结合、传统与前沿的结合、课堂和社会的结合；培养学生从需求出发、而不是从专业出发，逐渐从应对设计人才培养转向开发设计人才的培养，从就业型人才培养转向创业型人才的培养。

本系列教材的编写把握艺术设计教育厚基础、宽口径的原则，力求在保证科学性、理论性和知识性的前提下，以鲜明的设计观点以及丰富、翔实的资料和图例，将设计基础的理论知识与设计应用实践相结合，使课程内容与社会实际需要相结合，与当今人才培养的要求相适应，既符合课程自身要求，又具有前瞻性内容。这套系列教材可作为艺术设计、工业设计、环境设计、视觉传达设计、公共艺术设计、多媒体设计、广告学等专业的教材、教辅或设计理论研究、设计实践的参考书。对高等院校艺术设计专业师生教学提供有价值的参考，对我国艺术设计教育发展具有促进作用。

为创新型设计人才的培养，这套艺术设计教育系列规划教材值得期待！

广东高校美术与设计教育专业委员会

2014年1月21日

# 前 言

　　这是一本讲解电脑绘画的教程，在传统绘画当中，有很多的理论知识是同样适用于数字绘画艺术的，所以在本书中一并讲解了。由于篇幅和题目的限制，也只能力求少而精。电脑只是个媒介工具，相比较传统绘画而言，数字绘画造型技术更加随意，更加容易刻画，更加容易出效果，这也是现代高科技的产物，也为众多的现代人所接受，所以众多院校纷纷开设相关课程，这也可理解为与时俱进吧。

　　无论媒介技术怎样变化，绘画的理念不会变，因此本书从电脑绘画软件开始讲起（Painter和Photoshop），在强调了软件基础的同时，顺带讲了些造型规律、色彩规律以及构图规律。后面的具体案例都是用Painter和Photoshop软件创作的作品，综合运用了软件、造型、色彩、构图等知识，希望能为读者起到抛砖引玉的作用。

　　郑东晴、林德全、方晓芳、徐汉璐、郑丹琳、小刀、刘元东、莫曼先、周晓晴等人在本书的编写和整理工作中给予了帮助，在此一并致谢！由于编写时间仓促，书中难免有不足和疏漏之处，希望读者朋友不吝赐教，谢谢！

编　者

2014年1月

# 目录

# 第1章　Corel Painter软件

## 1.1　Corel Painter 概述

Painter是电脑绘图界中最优秀的绘图软件之一，它为电脑绘图带来了一个全新的概念。与其他同类软件不同的是，它具有逼真的仿真绘图效果和灵活多变的手绘表现方式。通过各种不同质地的画纸与仿真画笔的结合使用，使其效果几乎和传统绘画所表现的质地一样丰富，纸张的纹理、颜色的流动、笔触的厚薄都栩栩如生。为电脑绘画注入了新的活力。成为许多艺术家与设计师的首选。（图1-1）

### （1）横向比较

经常有人拿Painter和Photoshop作比较，其实这两款软件针对的方向不同，就看你喜欢哪款了。就目前来说，Photoshop无论在功能、易用性、合理性和便捷性上都胜Painter一筹，所以在主流的设计领域中占有绝对的统治地位。但是Painter所独有的画笔、画纸又是Photoshop所不能比拟的，所以它更受到专业插画师、漫画家的喜爱。在实际使用中往往会结合两种软件来共同完成一幅电脑绘画作品。（图1-2）

### （2）使用工具

Painter软件是一款用于模拟传统自然笔触效果的绘画软件，以电脑和手绘板为工具，它可轻松制作精美的商业插图和艺术绘画作品。

## 1.2　Painter的用户界面布局

如图1-3所示，从图中可以看出，Painter的用户界面由六部分组成，它们分别是菜单栏、图像窗口、工具箱、工具属性条、笔刷工具和各类浮动面板。

## 1.3　菜单栏

文件菜单：主要包括了图像新建、打开、存储等基本操作命令。

编辑菜单：主要用于对各种图像进行复制、剪切、删除等操作命令。

画布菜单：主要用于对图像编辑时，我们经常会用到对画布大小、标尺、辅助线等属性进行调整。

图层菜单：可以建立各种不同的图层并对它们进行编辑、修改、组合等操作。在这里需要指出的是，合并图层命令跟Photoshop有点不同，它不是向下一层合并，而是直接跟画布合并的。

选择菜单：主要包括选区和变换选区等相关命令。

矢量图形菜单：Painter主要是基于点阵图像的绘画软件，所以矢量图的运用比较少。可以进行一些简单的矢量图形操作。

图1-1　Corel Painter 11

电磁压感笔

纸张绘图用笔

电脑鼠标绘画

图1-2

图1-3

图1-4　菜单栏

效果菜单：主要包括了填充、色调控制等命令，种类繁多，应用广泛。

影片菜单：主要用于创建和编辑动画。

窗口菜单：主要用于控制各类浮动面板的显示和隐藏。

（1）数码绘图的重要概念

如果是刚接触电脑的用户，在开始绘画前，这里有一个非常重要的观念要提醒大家特别注意！就是Painter软件是以像素为主的绘图软件，也就是点阵式的绘图软件（有别于向量式绘图软件），因为在描述影像时它是以一个点、一个点，一个像素、一个像素的方式来记录的，如果去任意改变图片大小的话就会影响图片的品质；相反，矢量式图片则可以任意改变大小而无损图片品质。（图1-5）

图1-5

（2）保存文件与打开旧文件

作品画好后可以利用"文件/保存"或"文件/另存为"命令将图像保存起来。之后再选择要保存文件的文件夹，并输入文件名称和选择保存文件用的"保存类型"，设置好后按下"保存"按钮就可以了。下次要打开已保存的文件来编辑时，可以执行"文件/打开"命令来打开保存起来的图像文件。

（3）保存成合适的文件格式

要如何保存合适的文件格式呢？以下介绍几种常用的文件格式：

●RIFF：此为Painter的原始文件格式，可以保存Painter软件里的特有功能，如湿水彩图层、参考图层、动态图层、向量图层、选区或马赛克等，只有RIFF文件才能保留这些效果。但是RIFF文件只有少数的绘图软件才能打开，如果要转换到其他软件绘制时，还必须转存为通用的PSD文件才可以。（图1-6）

●PSD：这是极具弹性的文件格式，对于经常要使用Painter和Photoshop的人来说是不错的选择。因为PSD文件可以保存Painter的图层命令，方便在Photoshop中运用各种图像处理的功能。在此要注意的是，如果在Painter里有进行水彩或湿图层的绘制时，存了PSD文件后，湿水彩的功能就

图1-6

会自动变干，这样就不能再以水彩去修改水彩图层的影像。

●TIFF：此文件格式可以说是点阵图最普遍的格式，也是进行CMYK印刷的文件格式。

●JPEG：当将文件保存为JPEG时，就会出现四种选项设置：最好（Excellent）、高（High）、中（Good）、低（Fair）。如果要获得好品质，请选择"最好"这项设置。JPEG的优点就是保存的文件容量非常小，其缺点则是不能保存遮罩、图层或路径，而且压缩的文件是属于破坏性的压缩，一张作品每存一次就会失去一些图像细节。在操作时尽量不要以此文件为保存格式，但是在备份图像文件，或上传到网络上供人欣赏时，倒不失为一个很好的方式。（图1-7）

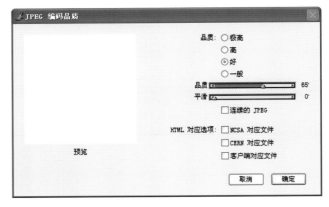

图1-7

## 1.4 图像窗口

在图像窗口的右上角分别有切换描图纸按钮、切换网格按钮、色彩矫正按钮、厚涂按钮功能，左下角分别有操作范

图1-8

围按钮（从左往右依次为不受选区影响操作、选区外操作、选区内操作）、导航按钮、比例按钮功能。（图1-8）

### 1.5 工具箱

工具箱中的上半部分是一些常用工具，下半部分提供了主要色、次要色，以及纸张、图案、渐变、布纹等部分工具的快捷选择方式。（图1-9）

**工具属性栏：** 工具箱中的每一种工具都有自己的属性，选择某个工具后，此工具的相关属性将在工具属性条中显示出来。在这里可以对各个工具的属性进行调整。（图1-10）

图1-9

图1-10

下表为整理出来的工具图标以及相对应的快捷键：

表1-1　工具图标及对应的快捷键

| 图标 | 工具名称 | 快捷键 |
| --- | --- | --- |
|  | 画笔工具 | B(自由) V(直线) |
|  | 图层调整器工具 | F |
|  | 变形工具 | Alt+Ctrl+T |
|  | 矩形选区工具 | R |
|  | 椭圆形选区工具 | O |
|  | 套索工具 | L |
| 多边形选区工具 | Shift+L |
|  | 魔棒工具 | W |
|  | 裁剪工具 | C |
|  | 选区调整器工具 | S |
|  | 钢笔工具 | P |
|  | 快速曲线工具 | Q |
|  | 矩形形状工具 | I |
|  | 圆形形状工具 | J |
|  | 文字工具 | T |
|  | 矢量图形选择区工具 | H |
|  | 剪刀工具 | Z |
|  | 添加节点工具 | A |
|  | 删除节点工具 | X |
|  | 节点变换工具 | Y |
|  | 减淡工具 | ' |
|  | 加深工具 | = |
|  | 黄金分割工具 | , |
|  | 布局网格工具 | / |
|  | 透视网格工具 | |
|  | 克隆工具 | : |
|  | 橡皮图章工具 | ' |
|  | 擦除工具 | N |
|  | 吸管工具 | D |
|  | 喷漆桶工具 | K |
|  | 缩放工具 | M |
|  | 拖动工具 | G |
|  | 旋转页面工具 | E |

●纸张选取器：当单击纸张选取器的界面时，就会直接显示各种纸张类型，依照要创作的素材来选择合适的纸张。

●渐变选取器：此功能可以配合油漆桶来做各种填充的渐变效果，可以自由更换颜色、纹理和渐变，是一个很方便的工具。

●图案选取器：图案选取器可以配合图案画笔来创作，可以使逼真的图案效果直接显示在画布上，使用非常简单方便，营造画面的自由度较高，是一个简单发挥创意的好帮手。

●布纹选取器：此功能可以配合油漆桶来发挥，选择要的布纹，在选择油漆桶时，便可将画面填充为想要的布纹效果。

●外观选取器：此功能可以搭配图像喷管笔来绘制，直接单击想要的外观效果，再选择图像水彩，便可以自由自在地挥洒在画布上，是一个很有趣的功能。

●管口选取器：此功能也是配合图像喷管笔来创作的，界面本身含有各式各样的管口功能，和外观选取器有着相同的功能。

## 1.6 浮动面板

### （1）颜色面板

颜色面板是非常重要的拾色器面板，点击所需要的颜色就可以直接在画布上涂色。（图1-11）

图1-11

图1-12

图1-13

### （2）混色器面板

这是模拟真实调色盘的面板，单击上面的格子栏色彩后，在下方就可以混合各种调色后所需的色彩。可以在绘画进行前，大致在调色盘上混合出自己要表现的色彩，然后用起来就非常方便了，是非常棒的功能面板。（图1-12）

### （3）画笔控制（图1-13）

在Painter的"窗口"菜单下，有一个"画笔控制"菜单（如上图）。包含了控制画笔的所有属性，试着简单陈述下：

常规（General）：提供画笔设置的最基本选项。

尺寸（Size）：提供尺寸、笔尖相关的一些参数调整。

间距（Spacing）：包含一系列调整笔触间距的选项。

角度（Angle）：调整笔尖角度相关参数。

涌出（Well）：调整笔触形状，设置颜料与画布之间的相互作用。

随机（Random）：控制笔刷效果的随机性。

以上各项是画笔的基本设置选项，决定着画笔的整体形态。

鬃毛（Bristle）：调整鬃毛画笔的形状。

排比（Rake）：当"常规"的"笔触类型"设置为"排笔"时可用，控制"排笔"笔触的复杂属性。

厚涂（Impasto）：包含厚涂画笔的相关设置。

图像喷管（Image Hose）：包含与"图像喷管"画笔相关的设置。

液态墨水（Liquid Ink）：包含与"液态墨水笔"相关的各种选项。

水彩（Water）：包含与"水彩笔"相关的设置选项。

数码水彩（Digital Water Color）：包含一系列与"数码水彩"相关的设置选项。

喷笔（Airbrush）：包含与"喷笔"相关的各种设置选项。

以上几种控制项是针对特定画笔的特定属性而设置的，使用这些控制项时，注意区分各自的应用对象。

在Painter的"窗口"菜单下，有一个"材质库面板/渐变"菜单（图1-14）。

"渐变"面板：可以配合油漆桶来使用，在画面上的红色圆点就可以调整渐变的方向，在抽屉里也有着不同的渐变效果，如放射形、圆形、螺旋等。

图1-14

"图案"面板：图案面板可以搭配图案画笔来绘制，并可在面板上调整图案的大小或横栏的数值等，也可以使用油漆桶来填满整个画面的布纹效果。（图1-15）

图1-15

"纸纹"面板：选择适当的纸纹有助于绘画，里面内置了各种不同的纸纹可以选择，而在面板上还可以调整整张纸纹的大小、纸纹对比、纸纹的两面光源。（图1-16）

图1-16

"织物"面板：此面板可以搭配油漆桶来使用，可将整个画面或选取后的画面填充布纹的效果，而面板上也可以调整织物的左右及上下的大小选择。（图1-17）

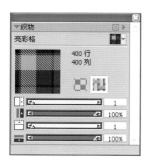

图1-17

## 1.7　图层面板

"图层"面板是创作者最佳的工具之一，它可以方便创作者打开新图层来绘制而不影响底下的图层，图层发挥功能非常广，一定要善加运用图层命令。每个图层都有属

性变化的选择，水彩画笔一定要画在水彩图层上，而选择液态墨水笔就要打开液态墨水图层来绘制，是属于特殊画笔专用图层。（图1-18）

图1-18

创建图层蒙版：遮罩的功能通常会使用在遮挡或避免颜料画在不需要的范围内，可以使用画笔来画出遮罩，使得遮罩的使用方式更加自由。（图1-19）

图1-19

图1-20

如果想合并图层的话，按住Shift键，选择需要合并的图层，然后再按图层命令，会弹出一个对话窗口，选择"折叠"就可以了。

另外还值得注意的是，保持"透明度"这个选项勾选的话，在没有画过的新建图层上是画不出来的。因为默认的情况下，新建的图层是透明的，只有画过的地方才能画得上去。如图1-20所示。

### （1）图层的合成方式

图层的合成方式种类非常多，也可以运用此特色来创作各种质感合成或色彩编修。以下是合成方式和效果的示范。打开要进行合成的文件，一张是照片，一张是要合成的布纹，将要合成的布纹复制在照片的图层上，之后就可以运用合成的"属性"来完成各种特殊效果。（图1-21、图1-22）

图1-21

图1-22

图1-23

从面板中可以看到合成的方式多达十几种（图1-23），每一个选项都有其特色和效果，只要好好运用发挥此功能就可以创造出一幅令人惊奇的画面。以下为各种效果的示范图。

默认：此合成方式是Painter默认的图层合成方式，这时上面的图层将覆盖下面的图层，如图1-24所示。

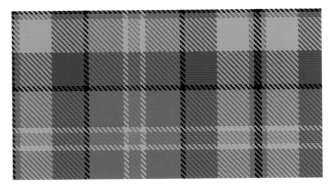

图1-24

胶合：胶合方式会以上面图层的色彩为底下的图层或画布着色。例如，黄色的图层会给予底下的图层或画布一个黄色的色调，如图1-25所示。如果使用叠色法笔刷绘制，Painter会自动设定图层的合成方式为胶合。

图1-25

图1-26

**上色**：上色合成方式将以图层像素的色相与饱和度，置换画布像素的色相与饱和度。

我们可以使用此功能将彩色图像转换成灰阶图像，或是将灰阶图像转换成彩色图像。黑色图层会将底下的彩色图像转换成灰阶图像。彩色图层会在底下的灰阶图像中加入色彩，如图1-26所示。

**反转**：在反转透出合成方式中，图层将反转其下方的色彩（反转色彩也成为互补色彩，是色彩环对面的色彩）。

使用"反转"合成方式将忽略图层中的色彩，图层内容将变成透明，且显示下方的反向色彩，如图1-27所示。

图1-27

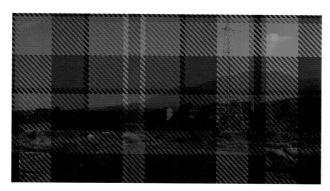

图1-28

**阴影**：此方式在不改变图像本身的情况下，为图层创建摄影的效果。该合成方式不能够体现当前层的色彩，它是通过挡光的方法来体现折光与投影的效果，如图1-28所示。

**魔术组合**：此合成方式可根据上下层图像的亮度差值来合成特殊的效果。当非当前层图像的亮度高于当前层图像时，当前层图像被覆盖；当非当前层图像的亮度低于当前层图像时，非当前层的图像将隐藏，如图1-29所示。

图1-29

**伪色**：此合成方式可以使非彩色的图像模拟色彩，其原理是将非当前层图像的亮度值作为当前层图像的色相值，从而可将灰色的层转化成彩色的层，如图1-30所示。

图1-30

**正常**：此合成方式是Photoshop的正常图像叠加方式。当转换为Photoshop文件时，需要使用此合成方式，如图1-31所示。

图1-31

溶解：选择此合成方式可使图像层在叠加时产生颜色的随机分布，得到点状的溶解效果。溶解的程度与层的透明度有关，透明度越低，效果越明显，如图1-32所示。

图1-32

整片叠底：选择此合成方式可使层之间的像素相乘。通常执行此合成方式后颜色会变深。任何颜色与黑色执行此合成方式得到的依然是黑色。任何颜色与白色执行此合成方式得到仍然是该颜色，如图1-33所示。

图1-33

屏幕：使用此合成方式可产生更亮的图像效果。其中任何颜色与黑色叠加变为黑色，彩色与白色叠加结果变为彩色，彩色与彩色按照调色规则进行叠加。这使得叠加后的白色变少，彩色增多，颜色变得较暗，如图1-34所示。

叠加：选择此合成方式可将图像的中间色调颜色进行合成，而高光部分和阴影部分仍保持不变，结果是使层的亮部与暗部颜色增强，如图1-35所示。

图1-34

图1-35

柔光：此合成方式根据图像的颜色调整图像合成后的亮度，可使图像产生柔光效果，使人感觉到图像有一种被柔和的光线照射的效果，如果该颜色比50%的灰要亮，反之则变暗，如图1-36所示。

图1-36

强光：此合成方式与柔光的处理方式恰好相反，可根据层合成后的颜色，加亮或调暗图像颜色。可使图像产生强光的照射效果，如图1-37所示。

图1-37

变暗：此合成方式将当前层颜色与底层图像的颜色进行比较，选取其中较深的颜色。层中的颜色比底层图像的颜色亮则会被底层图像所取代，而比背景颜色暗的部分则没有变化，如图1-38所示。

图1-38

变亮：此合成方式与变暗方式相反，将层颜色与底层的颜色进行比较，选取其中较亮的颜色，层中的颜色比底层图像的颜色暗则会被底层图像的颜色所取代，而比底层图像的颜色亮的部分则没有变化，如图1-39所示。

图1-39

差异：此合成方式用其他的色彩减去一种色彩，减去的色彩亮度值较高，如图1-40所示。

图1-40

色相：此合成方式通过结合图像色彩的亮度、饱和度，以及图层色彩的色相创造一种色彩，如图1-41所示。

图1-41

饱和度：此合成方式通过结合图像色彩的亮度、色相，以及图层色彩的饱和度创造一种色彩，如图1-42所示。

图1-42

颜色：此合成方式通过结合图像色彩的亮度与图层色彩的饱和度创造一种新色彩，如图1-43所示。

图1-43

亮度：此合成方式通过结合图像色彩的色相、饱和度，以及图层色彩的亮度创造一种新色彩，如图1-44所示。

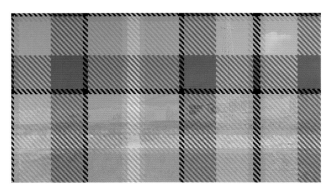

图1-44

胶合覆盖：如图1-45所示。

图1-45

**（2）图层合成的深度**

在"图层"面板右上角的下拉菜单中可以选择图层的合成深度类型，不同的合成深度类型会产生不同的深度效果。（图1-46）

图1-46

忽略：忽视图层上的深度效果。

添加：使图层上的深度效果与下面的图层或画布相加。

相减：使图层上的深度效果与下面的图层或画布相减。

替换：用图层上的深度效果取代下面的图层或画布上的深度效果。

## 1.8 Painter的画笔系统

Painter的画笔设计思路与Photoshop完全不同，Photoshop画笔所表现的质感多少会给人以人为斧凿的感觉，而Painter中的各种预设画笔与各种绘画颜料的特性紧密地结合在一起，效果更丰富，种类更多，体系更庞大。

因此，在学习Painter的画笔系统时，应当先掌握Painter提供的预设画笔的种类与各自的特性，在此基础之上，再学习自定义画笔的相关知识，制作出效果更丰富的画笔。

在属性选项栏的右侧，有一个"画笔选择器栏"，如图1-47所示。

图1-47

图1-48

点击图标，选择所需要的画笔，在Painter11里面有37种画笔，400多种变体。在不同的笔刷类别下，笔刷变体的数量也是各不相同的。

因此，Painter的画笔系统相当复杂、庞大，在如此庞大的笔刷库中找到适合绘画需要的画笔并非易事，需要用户一一尝试各种笔刷，把握它们各自的特点与功能，这需要花费相当长的一段时间。但是我们必须这样做，这是掌握Painter画笔最直接、最有效的方法。

在尝试各种画笔时，遇到不喜欢或不适合的，就立马跳过去，而碰到感兴趣或满意的画笔时，就记录下来，不断重复这一过程，最终我们会找到一套适合自身绘画需要的画笔。（图1-48）

**（1）Painter笔触的表现方式**

在画笔控制的"常规"（General）面板中，有一个"方式"（Method）项。（图1-49）

图1-49

在此项中，指定一种笔触表现方式，可以产生不同的笔触重叠效果。在此项中有十种方式可供选择使用，归纳起来，可以大致分为两类：一类是不透明表现方式；另一类是透明的表现方式。笔触表现方式不同，会产生不同的颜色重叠效果。

覆盖/蒙版覆盖（Cover/Mask Cover）：它们属于不透明颜色重叠方式，使用时新的笔触会覆盖原有笔触的内容，即上层笔触的颜色只会覆盖掉下层颜色，而不会对下层颜色产生影响。

蒙版（Mask）：以256灰度（8位图像）来表示图像，是一种功能类似于选区的工具，相对于选区而言，它们属于同一物体的不同表现形式，可以互相转化。

流动（Drip）：设置笔触表现方式为"流动"后，画笔的笔尖像充满了水分或油分，当移动笔触时，其附近的颜色会产生变形或扭曲现象，即产生颜色拖动效果，最明显的特征是上层颜色的流向会拖带下层颜色一起流动。

叠加（Build up）：是一种透明的笔触表现方式，使用这种方式，新绘制的笔触与原有笔触在效果上会叠加在一起，新笔触颜色与原笔触颜色叠加后，颜色会显得比较深，笔触叠加次数越多，颜色越深。

湿画（Wet）：使用这种方式，会产生一种类似水彩画的效果，这种方式的笔刷总是水彩类型的，只能使用在水彩图层上，笔触具有水彩颜料的特征，会出现渲染、扩散、淋漓等效果。

数码湿画（Digital Wet）：与"湿画"方式类似，也可以产生水彩效果，但是它产生的笔触可以作用在普通图层上，弥补了"湿画"方式的不足。

在画水彩画的时候，需要使用"干燥"（Dry）命令，晾干水彩画中的水分，并且"湿画"只能作用于特定的水彩图层上，这给绘画带来了极大的不便。为了解决这一问题，Painter在8.0版本以后，添加了"数码湿画"这一功能，弥补了传统"湿画"方式的不足。

插件（Plug-in）：严格来说，插件不是一种笔触的表现方式，但是它包含着各种丰富的特殊效果，通过扩展画笔来实现，有着十分广泛的用途。

**（2）画笔控制（Brush Control）菜单**

①常规（图1-50）

图1-50

在"画笔控制"菜单中，包含了控制画笔的所有属性，下面简单讲解下。

常规：在常规面板中提供了画笔设置的最基本选项，在此主要讲解其中的8个选项。

笔头类型：在Painter中，笔头类型其含义与photoshop的笔尖形状是一样的，都是指画笔笔尖的横切面。

笔触类型：Painter提供了简单、多重笔触、排笔、软管四种选择。

方式：是指笔触的表现方式，即笔触颜色重叠的效果。

附加方式：具体属性设置，随着"方式"不同，选项也会不同。

来源：指定某些画笔的颜色来源。

不透明度：设置画笔笔触的不透明度。

表达方式：提供了速率、方向、压力、滚轮、倾斜等选择。

颗粒：控制笔触中的纹理颗粒。

②大小（图1-51）

"大小"面板用于调整与尺寸、笔尖相关的一些画笔参数。在面板的左上方是笔尖预览区，对画笔的各种调整可以通过此项预览区观察效果的变化。

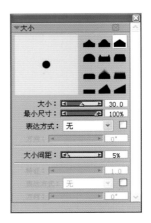

图1-51

③间距（图1-52）

在"间距"面板中，有一系列调整笔触间距的选项。调整这些选项，对于控制画笔笔触的间距起着决定性作用。其中间距选项为调整画笔笔触间隔，单位是百分比，数值越大，间隔就越大。最小间距是调整相邻笔尖形状的中心间距，设置时以画笔最小尺寸中的最小粗度为基准。

④涌出（图1-53）

调整笔触形状，设置颜料与画布之间的相互作用，提供了再饱和、渗出、干燥等功能。

图1-52　　　　　　　　图1-53

（3）画笔创建器

画笔创建器是用来调整各种画笔参数的面板，在开始进入绘画之前，一定要先设置好属于自己的画笔参数，当调整好参数后，画笔创建器会自动记忆所设置好的数值，而右边的空白处就是可以试画的地方，可以及时知道设置后的笔画效果。虽然此面板的选项很多，但只要多了解其中的参数，将会得到意想不到的画笔效果。（图1-54）

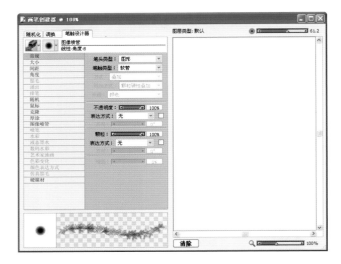

图1-54

## 1.9　绘画过程的修改方式

我们画画难免有画错的时候，这时就需要修改，常用的修改方式有3种，可以选择一种自己觉得得心应手的方式来使用。

（1）用橡皮擦修改。（图1-56）

（2）用画笔盖过去。（图1-57）

（3）选择撤销命令退回去，一般Painter默认的往后退是32步。（图1-58）

以上修改画面的三种方式，最常用的是用画笔覆盖修补操作，因为绘画的感觉是以传统方式来进行，画错了就用画笔再覆盖，直到画面修整完毕。如果太依赖撤销画笔还原方式，会使自己下笔的直觉减弱，除非是犯了太大的错误而不能进行修改，才会用到撤销画笔还原方式来复原。

　　掌握软件相当于是会拿笔，会拿笔不等于能绘画，绘画之好坏在于悟性和勤奋，并非取决于软件精通与否。

　　在艺术的世界里，为达目的不择手段，只要你勇于探索，一定会找到自己的表达方式。

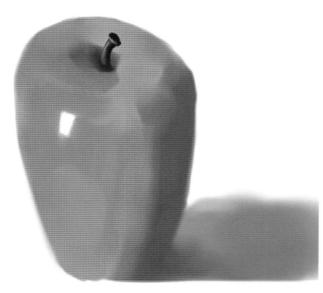

图1-55

图1-57

图1-56

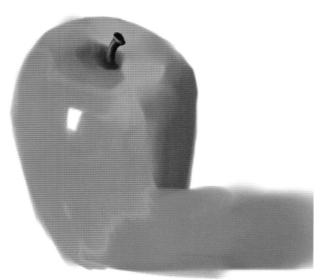

图1-58

# 第2章 Adobe Photoshop CS6软件

## 2.1 Photoshop CS6基础知识

Photoshop是ADOBE公司推出的图形图像处理软件，功能强大，广泛应用于印刷、广告设计、封面制作、网页图像制作、照片编辑等领域。利用Photoshop可以对图像进行各种平面处理，如绘制简单的几何图形、给黑白图像上色、进行图像格式和颜色模式的转换等。（图2-1）

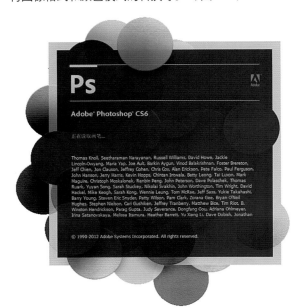

图2-1

Photoshop的启动与退出：

（1）启动Photoshop的方法：单击开始/程序/Photoshop即可启动，或者打开一个Photoshop文件也能够启动Photoshop。（图2-2）

图2-2

（2）退出Photoshop的方法：单击关闭按钮或按下Ctrl+Q组合键或Alt+F4组合键，都可以退出Photoshop。（图2-3）

图2-3

## 2.2 Photoshop CS6用户界面

标题栏、菜单栏、工具栏、工具箱、图像窗口、控制面板、状态栏、Photoshop桌面。（图2-4）

（1）标题栏：位于图像窗口最顶端。（图2-5）

图2-5

（2）菜单栏：其中包括9个菜单。（图2-6）

图2-6

图2-4

（3）工具栏：位于菜单栏下方，可以随着工具的改变而改变。（图2-7）

图2-7

（4）工具箱：位于工具栏的左下方。（图2-8）

图2-8

（5）图像窗口：位于工具栏的正下方，用来显示图像的区域，用于编辑和修改图像。（图2-9）

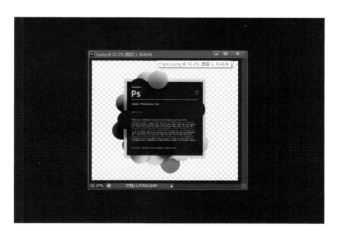

图2-9

（6）控制面板：窗口右侧的小窗口称为控制面板，用于改变图象的属性。（图2-10）

图2-10

（7）状态栏：位于窗口底部，提供一些当前操作的帮助信息。（图2-11）

图2-11

（8）Photoshop桌面：Photoshop窗口的灰色区域为桌面。其中包括显示工具箱、控制面板和图像窗口。（图2-12）

图2-12

图像窗口：图像窗口由标题栏、图像显示区、控制窗口图标组成。（图2-13）

（1）标题栏：显示图像文件名、文件格式，显示比例大小、层名称以及颜色模式。

（2）图像显示区：用于编辑图像和显示图像。

图2-13

**工具箱和工具栏：** Photosop工具包含了40余种工具，单击图标即可选择工具或者按下工具的组合键。工具箱中并没有显示出全部的工具，只要细心观察，会发现有些工具图标中有一个小三角的符号，这就表示在该工具中还有与之相关的工具。

打开这些工具的方法有两种：

（1）把鼠标指针移到含有三角的工具上，右击即可打开隐藏的工具，或者把鼠标左键不放在工具上开隐藏稍等片刻也可打开工具。然后选择工具即可。（图2-14）

图2-14

（2）可以按下Alt键不放，再单击工具图标，多次单击可以在多个工具之间切换。

对位于工具箱中的各个工具做个介绍，如表2-1所示。

表2-1　工具箱中的各个工具

| 图标 | 工具名称 | 快捷键 |
|------|---------|--------|
|  | 选框工具 | M |
|  | 移动工具 | V |
|  | 套索工具 | L |
|  | 选择工具 | W |
|  | 裁切工具 | C |
|  | 吸管标尺注释工具 | I |
|  | 多修复画笔工具 | J |
|  | 画笔工具 | B |
|  | 仿制图章工具 | S |
|  | 历史记录画笔工具 | Y |
|  | 橡皮擦工具 | E |
|  | 渐变油漆桶 | G |
|  | 涂抹工具 | 无 |
|  | 加深减淡工具 | J |
|  | 钢笔工具 | P |
|  | 矢量文字工具 | T |
|  | 路径工具 | A |
|  | 多边形工具 | U |
|  | 抓手和旋转视图工具 | 抓手工具H，或者一直按着空格键也能进行对画面的拖移，旋转视图工具R |
|  | 转换前景色和背景色 | X |
|  | 蒙版 | 无 |
|  | 屏幕显示模式 | F |

**控制面板：** 控制面板可以完成各种图像处理操作和工具参数设置，Photosop中共提供了14个控制面板。

其中包括：导航器、信息、颜色、色板、图层、通道、路径、历史记录、动作、工具预设、样式、字符、段落控制面板和状态栏。

（1）导航器（Nanigator）：用来显示图像上的缩略图，可用缩放显示比例，迅速移动图像的显示内容。（图2-15）

图2-15

（2）信息(Info)：（F8）用于显示鼠标位置的坐标值、鼠标当前位置颜色的数值。当在图像中选择一块图像或者移动图像时，会显示出所选范围的大小、旋转角度的信息。（图2-16）

图2-16

（3）颜色(Color)：（F6）用来便于图形的填充。（图2-17）

图2-17

（4）色板(Swatches)：功能类似于颜色控制面板。（图2-18）

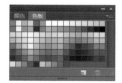

图2-18

（5）图层(Layers)：（F7）用来控制图层操作。（图2-19）

图2-19

（6）通道(Channels)：用来记录图像的颜色数据和保存蒙版内容。（图2-20）

图2-20

（7）路径(Paths)：用来建立矢量式的图像路径。（图2-21）

图2-21

（8）历史记录(History)：用来恢复图像或指定恢复上一步操作。（图2-22）

图2-22

（9）动作(Actions)：（F9）用来录制一边串的编辑操作，以实现操作自动化。（图2-23）

图2-23

（10）工具预设(Tool Presets)：（F5）用来设置画笔、文本等各种工具的预设参数。（图2-24）

图2-24

（11）样式(Styles)：用来给图形加一个样式。（图2-25）

图2-25

（12）字符(Character)：用来控制文字的字符格式。（图2-26）

图2-26

（13）段落(Paragraph)：用来控制文本的段落格式。（图2-27）

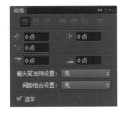

图2-27

## 2.3 Photoshop CS6基础操作

### 1. 建立新图像

单击File/New命令或者按下Ctrl+N组合键。也可以按住鼠标左键双击Photoshop桌面也可以新建图像。（图2-28）

图2-28

Preset Size(预设尺寸)：

（1）Width(宽度)、Height(高度)：注意单位（cm厘米、mm毫米、pixels像素、inches英寸、point点、picas派卡和columns列）。（图2-29）

图2-29

（2）Resolution(分辨率)：注意分辨率的设置，分辨率越大，图像文件越大，图像越清楚，存储时占的硬盘空间越大，在网上传播得越慢。（pixels/cm，像素/厘米；pixels/inch，像素/英寸）（图2-30）

图2-30

（3）Mode(模式)：RGB Color(RGB颜色模式)、Bitmap(位图模式)、Grayscale(灰度模式)、CMYK Color(CMYK颜色模式)、Lab Color（Lab颜色模式）。（图2-31）

图2-31

（4）Contents(文档背景)：设定新文件的这些各项参数后，单击OK按钮或按下回车键，就可以建立一个新文件。（图2-32）

图2-32

### 2．保存图像

（1）选择文件菜单下的保存或者按Ctrl+S组合键即可保存Photoshop的默认格式PSD。（图2-33）

图2-33

（2）选择文件菜单下的保存或者按Shift+Ctrl+S可以保存为其他格式的文件。有：TIF、BMP、JPEG/JPG/JPE、GIF等格式。（图2-34、图2-35）

图2-34

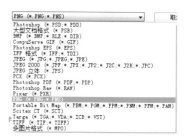

图2-35

### 3．关闭图像（图2-36）

（1）双击图像窗口标题栏左侧的图标按钮。

（2）单击图像窗口标题栏右侧的关闭按钮。

图2-36

（3）单击File/Close命令。（图2-37）

图2-37

（4）按下Ctrl+W或Ctrl+F4组合键。

（5）如果用户打开了多个图像窗口，并想把它们都关闭，可以单击Windows/Documents/Close All命令。（图2-38）

图2-38

### 4．打开图像

（1）单击File/Open命令或按Ctrl+O组合键，或者双击屏幕也可以打开图像。（图2-39）

图2-39

如果想打开多个文件，可以按下Shift键，可以选择连续的文件。如果按Ctrl键，可以选择不连续的多个文件。（图2-40）

图2-40

（2）打开最近打开过的图像：File/Open Recent命令，就是说打开最近用过的图像。（图2-41）

图2-41

（3）使用File/Browse窗口或按下Ctrl+Shift+O组合键打开图像。

**5．置入图像**

Photoshop是一个位图软件，用户可以将矢量图形软件制作的图像插入到Photoshop中使用（EPS、AI、PDF等）。选择需要置入的图像即可。置入进来的图像中出现了一个浮动的对象控制符，双击即可取消该符。（图2-42）

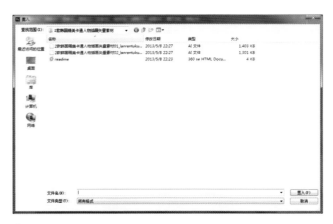

图2-42

**6．切换屏幕显示模式**

其中包含了3种屏幕模式，分别是：标准屏幕模式、带有菜单栏的全屏模式和全屏模式。连续按F键即可以在这3种屏幕模式之间切换。Tab键可以显示隐藏的工具箱和各种控制面板。Shift+Tab键可以显示隐藏的各种控制面板。（图2-43、图2-44、图2-45）

图2-43

图2-44

图2-45

**7．标尺和度量工具**

（1）标尺（图2-46）：单击视图/标尺或按Ctrl+R组合键即可显示隐藏标尺。

标尺的默认单位是厘米。

图2-46

（2）度量工具（I）：用来测量图形任意两点的距离，也可以测量图形的角度。用户可以用信息面板来查看结果。其中，X、Y代表坐标；A代表角度；D代表长度；W、H代表图形的宽度、高度。测量长度，直接在图形上拖动即可，按Shift键以水平、垂直或45度角的方向操作。测量角度，首先画出第一条测量线段，接着在一条线段的终点处按Alt键拖出第二条测量的线段即可测量出角度。（图2-47）

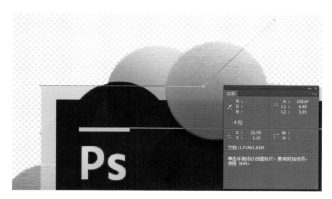

图2-47

**8．缩放工具（Z）**

选择工具后，变为放大镜工具，按下Alt键可以变为缩小工具或者选择视图/放大或缩小。或按Ctrl++、Ctrl+-。Ctrl+0全屏显示，Ctrl+Alt+0实际大小。（图2-48）

图2-48

## 2.4 Photoshop CS6基本概念

包括颜色色彩、颜色模式、图像类型、图像格式、分辨率。

（1）亮度（Brightness）：就是各种图像模式下的图形原色（如RGB图像的原色为R、G、B三种）的明暗度，亮度就是明暗度的调整。例如：灰度模式，就是将白色到黑色间连续划分为256种色调，即由白到灰，再由灰到黑。在RGB模式中则代表各种原色的明暗度，即红、绿、蓝三原色的明暗度，例如：将红色加深就成为了深红色。（图2-49、图2-50、图2-51）

图2-49

图2-50

图2-51

（2）色相（Hue）：色相就是从物体反射或透过物体传播的颜色。也就是说，色相就是色彩颜色，对色相的调整也就是在多种颜色之间的变化。在通常的使用中，色相是由颜色名称标志的。例如：光由红、橙、黄、绿、青、蓝、紫7色组成，每一种颜色代表一种色相。（图2-52、图2-53、图2-54）

图2-55

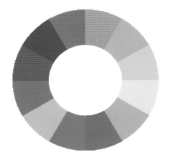

图2-52

图2-56

图2-53

图2-57

图2-54

（3）饱和度（Saturation）：也可以称为彩度，是指颜色的强度或纯度。调整饱和度也就是调整图像彩度。将一个彩色图像降低饱和度为0时，就会变为一个灰色的图像；增加饱和度时就会增加其彩度。（图2-55、图2-56、图2-57）

（4）对比度（Contrast）：就是指不同颜色之间的差异。对比度越大，两种颜色之间的反差就越大；反之，对比度越小，两种颜色之间的反差就越小，颜色越相近。例如：将一幅灰度的图像增加对比度后，会变得黑白鲜明，当对比度增加到极限时，则变成了一幅黑白两色的图像。反之，将图像对比度减到极限时，就成了灰度图像，看不出图像效果，只是一幅灰色的底图。（图2-58、图2-59、图2-60）

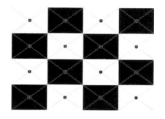

图2-58

图2-59

图2-60

（5）颜色模式：RGB模式、CMYK模式、Bitmap（位图）模式、Grayscale(灰度)模式、Lab模式、HSB模式、Multichannel(多通道模式)、Duotone(双色调)模式、Indexed color(索引色)模式等。

①RGB模式。RGB模式是Photoshop中最常用的一种颜色模式。不管是扫描输入的图像，还是绘制的图像，几乎都是以RGB的模式存储的。这是因为在RGB模式下处理图像较为方便，而且RGB的图像比CMYK图像文件要小得多，可以节省内存和存储空间。在RGB模式下，用户还能够使用Photoshop中所有的命令和滤镜。RGB模式由红、绿、蓝3种原色组合而成，由这3种原色混合产生出成千上万种颜色。在RGB模式下的图像是三通道图像，每一个像素由24位的数据表示，其中RGB三种原色各使用了8位，每一种原色都可以表现出256种不同浓度的色调，所以三种原色混合起来就可以生成1670万种颜色，也就是我们常说的真彩色。（图2-61）

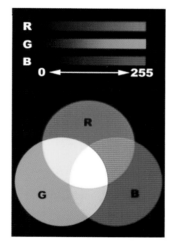

图2-61

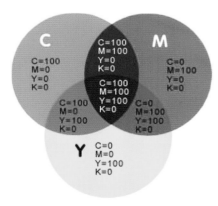

图2-62

②CMYK模式。CMYK模式是一种印刷的模式。它由分色印刷的4种颜色组成，在本质上与RGB模式没什么区别。但它们产生色彩的方式不同，RGB模式产生色彩的方式称为加色法，而CMYK模式产生色彩的方式称为减色法。例如显示器采用了RGB模式，这是因为显示器可以用电子光束轰击荧光屏上的磷质材料发出光亮从而产生颜色，当没有光时为黑色，光线加到极限时为白色。假如我们采用了RGB颜色模式去打印一份作品，将不会产生颜色效果，因为打印油墨不会自己发光。因而只有采用一些能够吸收特定的光波而靠反射其他光波产生颜色的油墨，也就是说当所有的油墨加在一起时是纯黑色，油墨减少时才开始出现色彩，当没有油墨时就成为了白色，这样就产生了颜色，所以这种生成色彩的方式就称为减色法。那么，CMYK模式是怎样发展出来的呢？理论上，我们只要将生成CMYK模式中的三原色，即100%的洋红色（magenta）和100%的黄色（yellow）组合在一起就可以生成黑色(black)，但实际上等量的C、M、Y三原色混合并不能产生完美的黑色或灰色。因此，只有再加上一种黑色后，才会产生图像中的黑色和灰色。为了与RGB模式中的蓝色区别，黑色就以K字母表示，这样就产生了CMYK模式。在CMYK模式下的图像是四通道图像，每一个像素由32位的数据表示。在处理图像时，我们一般不采用CMYK模式，因为这种模式文件大，会占用更多的磁盘空间和内存。此外，在这种模式下，有很多滤镜都不能使用，所以编辑图像时有很多不便，因而通常都是在印刷时才转换成这种模式。（图2-62）

③Bitmap（位图）模式。Bitmap模式也称为位图模式，该模式只有黑色和白色两种颜色。它的每一个像素只包含1位数据，占用的磁盘空间最少。因此，在该模式下不能制作出色调丰富的图像，只能制作一些黑白两色的图像。当要将一幅彩图转换成黑白图像时，必须转换成灰度模式的图像，然后再转换成只有黑白两色的图像，即位图模式图像。（图2-63、图2-64）

④Grayscale(灰度）模式。此模式的图像可以表现出丰富的色调，表现出自然界物体的生动形态和景观。但它始终是一幅黑白的图像，就像我们通常看到的黑白电视和黑白照片一样。灰度模式中的像素是由8位的分辨率来记录的，因此能够表现出256种色调。利用256种色调我们就可以使黑白图像表现得相当完美。灰度模式的图像可以直接转换成黑白图像和RGB的彩色图像，同样黑白图像和彩色图像也可以直接转换成灰度图像。但需要注意的是，当一幅灰度图像转换成黑白图像后再转换成灰度图像，将不再显示原来图像的效果。这是因为灰度图像转换成黑白图像时，Photoshop会丢

图2-63

图2-64

失灰度图像中的色调，因而转换后丢失的信息将不能恢复。同样道理，RGB图像转换成灰度图像也会丢失所有的颜色信息，所以当由RGB图像转换成灰度图像，再转换成RGB的彩色图像时，显示出来的图像颜色将不具有彩色。（图2-65、图2-66）

⑤Lab模式。Lab模式是一种较为陌生的颜色模式。它由3种分量来表示颜色。此模式下的图像由三通道组成，每像素有24位的分辨率。通常情况下我们不会用到此模式，但使用Photoshop编辑图像时，事实上就已经使用了这种模式，因为Lab模式是photoshop内部的颜色模式。例如，要将RGB模式的图像转换成CMYK模式的图像，Photoshop会先将RGB模式转换成Lab模式，然后由Lab模式转换成CMYK模式，只不过这一操作是在内部进行而已。因此，Lab模式是目前所有模式中包含色彩范围最广泛的模式，它能毫无偏差地在不同系统和平台之间进行交换。L:代表亮度，范围在0～100；A：是由绿到红的光谱变化，范围在−120～120之

图2-65

37.57%　文档:1.83M/1.83M

图2-66

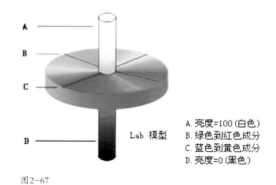

A.亮度=100（白色）
B.绿色到红色成分
C.蓝色到黄色成分
D.亮度=0（黑色）

Lab 模型

图2-67

间；B：是由蓝到黄的光谱变化，范围在-120～120之间。（图2-67）

⑥HSB模式。HSB模式是一种基于人的直觉的颜色模式，利用此模式可以很轻松自然地选择各种不同明亮度的颜色。在Photoshop中不直接支持这种模式，而只能在Color控制面板和Color Picker对话框中定义这种颜色。HSB模式描述的颜色有3个基本特征。H：色相（Hue），用于调整颜色，范围为0°～360°；S：饱和度，即彩度，范围0%～100%，0%时为灰色，100%时为纯色；B：亮度，即颜色的相对明暗程度，范围为0%～100%。（图2-68）

⑦Indexed Color（索引色）模式。索引色模式在印刷中很少使用，但在制作多媒体或网页上却十分实用。因为这种模式的图像比RGB模式的图像小得多，大概只有RGB模式的1/3，所以可以大大减少文件所占的磁盘空间。当一个图像转换成索引色模式后，就会激活Image/Mode/Color Table命令，以便编辑图像的"颜色表"。RGB和CMYK模式的图像可以表现出完整的各种颜色并使图像完美无缺，而索引色模式则不能完美地表现出色彩丰富的图像，因为它只能表现256种颜色，因此会有图像失真的现象，这是索引色模式的不足之处。索引色模式是根据图像中的像素统计颜色的，然后将统计后的颜色定义成一个"颜色表"。由于它只能表现256种颜色，所以在转换后只选出256种使用最多的颜色放在颜色表中，颜色表以外的颜色程序会选取已有颜色中最相近的颜色或使用已有颜色模拟该种颜色。因此，索引色模式的图像在256色16位彩色的显示屏幕下所表现出来的效果并没有很大区别。（图2-69、图2-70）

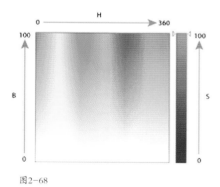

图2-68

图2-69

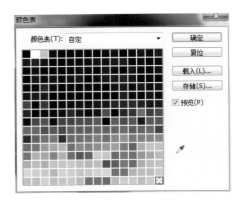

图2-70

## 2.5 Photoshop CS6画笔的设置

讲完关于色彩的一些概念，接下来我们重点说说关于画笔的设置。

除了直径和硬度的设定外，Photoshop针对笔刷还提供了非常详细的设定，在选择了画笔工具（快捷键B）之后，我们可以按F5调出关于画笔的设置面板。

我们在这里只选择性地讲一下几个常常会进行设置的选项。

首先，让我们先把面板中所有的选项都去掉勾。（图2-71）

最下方的一条波浪线是笔刷效果的预览，相当于在图像中画一笔的效果。每当我们更改了设置以后，这个预览图也会改变。（图2-72）

### 1. 间距

现在看一下面板下方的间距选项，这是什么意思呢？（图2-73）

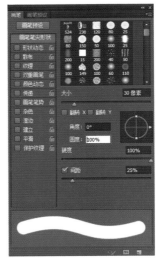

图2-71

图2-72

图2-73

实际上我们前面所使用的笔刷，可以看作是由许多圆点排列而成的。（图2-74）

如果我们把间距设为100%，就可以看到头尾相接依次排列的各个圆点。（图2-75）

如果设为 200%，就会看到圆点之间有明显的间隙，其间隙正好足够再放一个圆点，如图2-76所示。由此可以看出，那个间距实际就是每两个圆点的圆心距离，间距越大，圆点之间的距离也越大。

图2-74

图2-75

图2-76

### 2. 形状动态

然后我们勾上形状动态的选项，开始设置。

大小抖动就是大小随机，表示笔刷的直径大小是无规律变化着的。因此，我们看到的圆点有的大有的小，且没有变化规律。如果你多次使用这个笔刷绘图，那么每次绘制出来的效果也不会完全相同。（图2-77、图2-78）

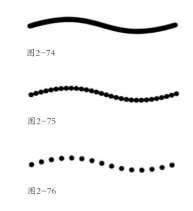

图2-77

图2-78

关于其中的控制选项，"无"的意思就是不加以其他控制。

"渐隐"的意思是"逐渐地消隐"，指的是从大到小，或从多到少的变化过程，是一种状态的过渡。也就是说，画笔的笔锋会慢慢渐隐，直到你设定的最小直径。而最小直径指的就是你设置的画笔笔锋的最小直径。如果最小直径是百分之百，那就等于没有笔锋，如图2-79第一条所示。如果是百分之零，就等于笔锋的最后会渐隐直到消失，如图2-79第二条所示。如果设置了非以上两个参数，则笔锋的最后就是那个参数的大小，如图2-79第三条所示。

大小的控制除了渐隐之外，还可以使用钢笔压力、钢笔

斜度、光笔轮等。（图2-80）

这三个选项需要有另外的硬件设备。如图2-81所示是使用钢笔压力绘制的效果。所谓钢笔是一种输入设备，就是我们的数位板。用数位笔在配套的底板上移动来代替鼠标。底板可以感应笔尖接触的力度大小(通俗地说就是下手轻重的区别)，高级的绘图板还可以感应出电子笔的倾斜程度和笔尖旋转角度。这些效果是普通鼠标无法模拟的。光笔轮是指有些电子笔上附带的拇指滚轮。如果没有这种设备这些控制选项是无效的。

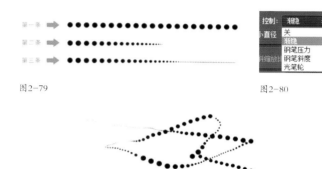

图2-79　　　　　　　　　　　　　　　　图2-80

图2-81

至于"形状动态"中其他的两个控制选项"角度抖动"和"圆度抖动"，顾名思义就是对扁椭圆形笔刷角度和圆度的控制。（图2-82）

所谓角度抖动就是让扁椭圆形笔刷在绘制过程中不规则地改变角度，这样看起来笔刷会出现"歪歪扭扭"的样子。（图2-83）

圆度抖动就是不规则地改变笔刷的圆度，这样看起来笔刷就会有"胖瘦"之分。可以通过"最小圆度"选项来控制变化的范围，道理和大小抖动中的最小直径一样。（图2-84）

注意，在笔刷本身的圆度设定是100%的时候，单独使用角度抖动没有效果。因为圆度100%就是正圆，正圆在任何角度看起来都一样。但如果同时圆度抖动也开启的话，由于圆度抖动让笔刷有了各种扁椭圆形，因此角度抖动也就有效果了。

图2-82

图2-83

图2-84

### 3. 散布

要想达到在分布上的随机效果，我们需要来学习散布。（图2-85）

进入散布选项，将散布设为500%，这时候绘制就可以得到如图2-86所示的效果，可以看到笔刷的圆点不再局限于鼠标的轨迹上，而是随机出现在轨迹周围一定的范围内，这就是所谓的散布。

注意有一个"两轴"的选项，这是做什么用的呢？

为了让效果更明显，我们把笔刷在关闭和打开这两个选项下分别画一条直线，如图2-87左边所示，看上去有点不大一样吧？我们加上网格看一看，如图2-87右边所示。

可以看到，如果关闭两轴选项，那么散布只局限于竖方向上的效果，看起来有高有低，但彼此在横方向上的间距还是固定的，即笔刷设定中的100%。如果打开了两轴选项，散布就在横竖方向上都有效果了。所以第二条线上的圆点不仅有高有低，彼此的间距也不一样。

在散布选项下方，有一个数量的选项，它的作用是成倍地增加笔刷圆点的数量，取值就是倍数。

数量选项下方的数量抖动选项就是在绘制中随机地改变倍数的大小。

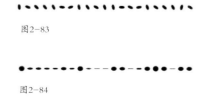

图2-85

图2-86

图2-87

### 4. 纹理

勾选上纹理的选项后，可以点击纹理的框框，选择想要的纹理，还可以在下面的缩放、亮度、对比度选项上对纹理进行改变。（图2-88）

模式上也提供了各种纹理的显示叠加效果，还有深度的抖动选项。

### 5. 双重笔刷

双重笔刷则是用于两个笔刷的混合，点进去以后，可以通过调整大小、间距、散布数量等参数另外创建一个笔刷，或者直接在笔刷列表中选一个现有的笔刷。然后在模式里选择两个笔刷的混合方式，这样就能产生出两个笔刷混合后出现的新笔刷效果。（图2-89）

 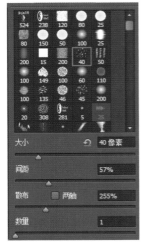

图2-88　　　　　　　　图2-89

### 6. 颜色动态

觉得色彩太单一吗？那来做些改变，让色彩丰富起来。我们使用"颜色动态"选项来达到这个目的。如图2-90所示，将"前景/背景抖动"设为100%。

这个选项的作用是将颜色在前景色和背景色之间变换，默认的背景是白色，也可以自己挑选。背景色只是定义了抖动范围的两个端点，而中间一系列随之产生的过渡色彩都包含于抖动的范围中。如图2-91所示，头尾的两个色块就是前景色与背景色，中间是前景色与背景色之间的过渡带。

同理，如果调动了色相或者饱和度或者亮度以及纯度的选项条，画笔也会随机产生这一系列的相关色彩变化。

图2-91

图2-90

### 7. 杂色

现在我们来看一下笔刷设定中的杂色选项，它的作用是在笔刷的边缘产生杂边，也就是毛刺的效果。杂色是没有数值调整的，不过它和笔刷的硬度有关，硬度越小，杂边效果越明显。对于硬度大的笔刷没什么效果。（图2-92）

图2-92

### 8. 湿边

湿边选项是将笔刷的边缘颜色加深，看起来就如同水彩笔效果一样。（图2-93）

图2-93

### 9. 建立

建立指的是建立喷枪。喷枪的作用和我们之前学到的喷枪方式是完全一样的。既然是一样的为什么设置两个呢？这是因为这里的喷枪方式可以随着笔刷一起保存，这样下次再使用这个储存的预设的时候，喷枪方式就会自动打开。（图2-94）

图2-94

### 10. 平滑

平滑选项主要是为了让鼠标在快速移动中也能够绘制较为平滑的线段。图2-95是关闭与开启平滑选项后的效果对比。不过开启这个选项会占用较大的处理器资源，在配制不高的电脑上运行将较慢。

图2-95

### 11. 插值方式

（1）新增加了一种插值方式——自动两次立方。

（2）插值方式的控制机制进行了调整。PS中有两处地方需要插值，一是调整图像大小，二是变换。旧版中调整图像大小的插值方法选择在"图像大小"对话框中进行，而变换中的插值方式则只能由首选项中的相应控件来控制。新版中，变换命令中的选项中也设置了插值方式的选择控件，而不再受制于首选项中的插值方式：由于新版中新增了"透视裁切"工具，而透视裁切同样需要进行插值，因此，首选项中的插值方式事实上只影响该工具。从逻辑的角度来看，应该为透视裁切工具也增加一个插值方式的控件，然后将首选项中的插值方法控件删除。（图2-96）

图2-96

HUD功能继续着演绎之旅。CS4中引入了HUD功能，用来实时改变画笔类工具的大小和硬度，具体来讲，Alt改变画笔大小，Shift改变画笔的硬度；CS5中引入了HUD拾色器，按键分配进行了调整，具体是Alt水平移动改变画笔大小，垂直移动改变画笔硬度，Shift+Alt弹出HUD拾色器；CS6中

又增加了垂直拖动默认改变画笔不透明度的功能，如果仍然需要保持旧版垂直拖动改变画笔硬度的功能，则可以通过首选项中的相关选项切换。这里需要指出的是，画笔类工具的不透明度不仅仅单纯是指不透明度，还包括模糊、锐化、涂抹工具的强度，加深、减淡工具的曝光度，海绵工具的流量等。或许正因为改变不透明度的适用范围更广，才将其设置为默认。（图2-97）

图2-97

## 2.6 Photoshop CS6新功能大盘点——摄影绘画

### 1. 内容感知技术

内容感知技术在继续延展继CS4的"内容感知缩放"、CS5的"内容感知填充"功能之后，CS6中又有如下两个基于内容感知的应用问世：

（1）补丁工具中增加了"内容感知"的修补模式（图2-98）：

图2-98

（2）工具箱中新增了混合工具：

混合工具基本相当于内容感知修补与内容感知填充的结合体，在源位置进行内容感知填充，在目标位置进行内容感知修补。（图2-99）

图2-99

### 2. 剪切工具

剪切工具裂变为二——剪切工具和透视裁切工具。就工具而言，剪切工具和形状工具是变化最大的两个工具，裁剪工具的升级终于解决了该工具一直存在的一个重大问题。早期版本的剪切工具中，"透视"仅仅是其中的一个选项，新版中将其独立出来成为专门的透视裁切工具。（图2-100）

回想一下旧版裁剪工作的机理：当选择裁剪工具后，选项栏的内容如下（图2-101）：

在该选项栏中，需要设置裁剪以后的图像大小，这个过程相当于在图像大小面板中改变图像像素的大小，要通过插值重定像素（为了表述方便，将这种情形称为"改变图像大小"）。如果设置为空，则只是相当于改变画布的大小，不重定像素（为了表述方便，将这种情形称为"改变画布大小"）。同时，这里设置的宽度和高度也决定了接下来绘制裁剪框的宽高比例；如果设置为空，则可以自由绘制裁剪框。

当绘制出裁剪框之后，选项栏的内容发生了改变。如图2-102所示：

在该选项栏中，可以对裁切区域的处理方式，以及裁剪参考线的类型及屏幕裁剪区域的颜色进行设置。同时，注意旁边有个"透视"选项。

仔细想一下，其实这里有一个很大的问题，那就是几乎无法以某种特定的比例以改变画布大小的方式裁剪图像，而这种应用对于摄影后期的构图调整来讲又是非常需要的。

新版中的裁剪工具有效地解决了这个问题。其选项内容如图2-103所示：

在选项栏的左端专门设置了一个设定裁剪比例的控件；同时还增加了拉直图像的控件（与标尺工具中的相应功能相同）；裁剪参考线的类型更加多样，极大地方便了后期构图的调整；保留区域与裁切区域的显示方式也更加灵活多样。

原来设置图像大小的相关控件基本被完整地移植到了新增的透视裁切工具中。（图2-104）

### 3. 滤镜

（1）增加了自动适应广角滤镜、油画滤镜以及三个模糊滤镜——焦点模糊、光圈模糊、移轴模糊。（图2-105）

（2）改进的滤镜包括液化滤镜、镜头校正滤镜以及光照效果滤镜。液化滤镜删除了镜像工具、湍流工具以及重建模式；同时，设置了"高级模式"复选项，即将液化分解为精简和高级两种模式。（图2-106）

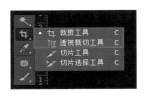

图2-100

图2-105

图2-101

图2-102

图2-103

图2-104

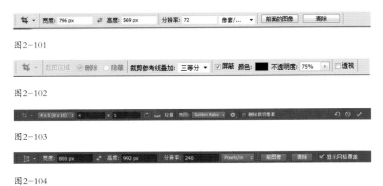

图2-106

镜头校正滤镜界面上没发现什么变化，但作为改进的滤镜，估计是镜头配置文件进行了扩充。光照效果被改造为全新的"灯光效果"滤镜，该滤镜使用全新的Adobe Mercury图形引擎进行渲染，因此对CPU的要求很高。其界面表现为工作区的形式（图2-107）：

图2-107

（3）滤镜库中滤镜的分布机制进行了调整。在旧版中，滤镜库中的各个滤镜同时也出现在各个滤镜组菜单中；新版中，用户可以通过以下选项设置是否将滤镜库中的滤镜在各个滤镜组的级联菜单中不再显示。（图2-108）

图2-108

**4. 其他**

（1）ACR由旧版的6.6升级到了7.0。从界面上看不出太大的变化，估计主要是扩充了相机配置文件。

（2）调整菜单中新增了"颜色查找"命令：这个命令由于没有帮助文件参考，因此未作深入研究。看样子是加载某些特定类型的ICC文件。（图2-109）

自动菜单中又恢复了"联系表二"的输出功能。（图2-110）

联系表、图片包、WEB画廊三个多图输出功能本来是PS中的元老，但后来这三个多图输出模块一并被移植到了

图2-109

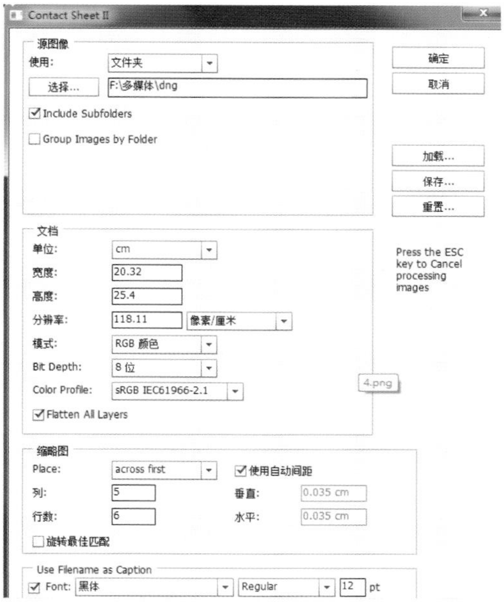

图2-110

LR中，这反映了LR侧重于多图处理，而PS侧重于单图处理的设计理念。但这次升级却把"联系表二"又予以恢复，或许是因为LR中只能将这种多图模式直接打印而无法保存为一幅图像的缘故吧。

# 第3章 造型规律探索

## 3.1 三大面五大调

三大面：受光面、侧光面、背光面 。（图3-1）

五大调：高光、亮面、暗部、反光 、投影。（图3-2）

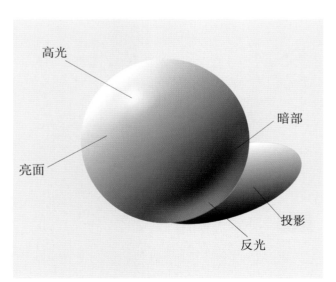

图3-1

图3-2

## 3.2 基础造型中几个需要注意的概念

形体结构（图3-3）：

形：就是形状（二维）。

体：就是体积（三维）。

结构（组织、建造、构造）：各种各样的形体有机地结合与构成就叫结构。

形体结构就是指把二维的形与三维的体按照一定的秩序有机地结合与构成。

图3-3　Arantza Sestayo作

结构分为画面结构、生理结构（解剖结构）和形体结构三部分。

画面结构主要是指画面的形与色的构成与构造，偏向于构成与构图。（图3-4）

生理结构主要是指物体内在的解剖关系。（图3-5）

形体结构主要是指生理结构所呈现出来的形体关系，它与解剖结构是互为表里的关系。有什么样的生理结构才会有什么样的形体结构。所以，为了更好地掌握形体结构，通常需要学习解剖结构。只有掌握了解剖结构才能更加自由地塑造形体结构。（图3-6）

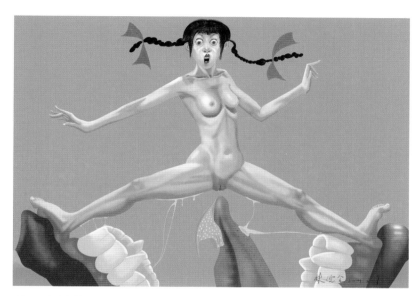

图3-4 林德全作

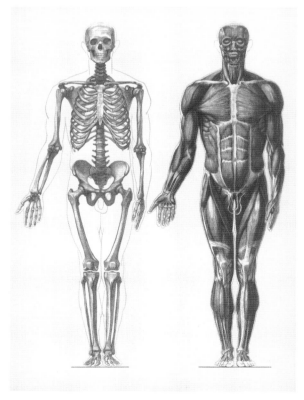

图3-5

图3-6 《刘国基像》，林德全作

整体与局部的关系；整体观念或整体感觉；整体方法或步骤。

有整体观念或整体感觉其作画的方法是空前巨大的，它可以从头画到脚，也可以从脚画到头，可以从全局到一点，也可以从一点到全局，其最终的画面效果是非常整体的。

整体方法或整体步骤就是按照既定方法步骤按部就班地来完成一幅画，其在任何时候停下来画面都相对较为完整。通常也是初学者需要掌握的一种方法。（图3-7）

画一个物体应该注意的几个问题：

（1）形

是指一个物体总的外形倾向和物体里面的形体特征感觉，没有形就没有神，有形则必有神，形似神必似，形不似则神必不似，形与神不可能有分合，不可能有兼备或不兼备。（图3-8）

图3-7 Jerad S.Marantz作

图3-8 John john jesse作

（2）高光

高光是一个物体精要的地方，画好高光，这个物体就会显得很有神采，也是反映一个物体质感的重要之处。具体到高光画法上就要注意形，高光形很好地体现了形体和质感，如果没有高光就另当别论。高光除了注意形之外还要注意明暗虚实的变化，还有色彩的冷暖变化。（图3-9）

（3）边线

边线的处理应当体现出一个物体的形，还要具备边线的连贯流畅性，同时还要有虚有实，形成对比。总的原则是后面的可以虚一点，前面的可以实一点，亮的地方可以虚一点，暗的地方可以实一点。（图3-10）

图3-10 Vania Zouravliov作

图3-9 Boris作

（4）投影

每一个物体都是独一无二的，所以每一个物体的投影也应当是独一无二的，有什么样的物体才会有什么样的投影。投影的产生实际上是光照射不到的地方就产生了阴影，所以投影也反射出物体的形。这也是很容易被初学者所忽略的。（图3-11）

（5）质感

质感在于肌理，是指一个物体的表面纹理，如粗糙的、光滑的等等。另外，有高光的物体也很好地反映了质感。（图3-12）

（6）体积

体积在于面的转折，初学者经常把注意力集中到明暗刻画上来表现体积，如果体积不强就用拼命加强暗部的方法来刻画，这往往事与愿违。明暗运用得好是能加强体积，运用得不好也会削弱体积，它是把双刃剑。如果注意到面的转折并且能很好地理解，只要几笔就有很强烈的体积感。（图3-13）

图3-12 Sergey Skachkov作

图3-11 Arantza Sestayo 作

图3-13 Vania Zouravliov作

（7）空间

有没有纵深的空间感在于透视，在透视学里面主要分为平行透视和成角透视（如图3-14所示），有兴趣的朋友可以去看相关的透视学专著，这里就不讲得太细了。

（8）厚重

把一个物体画得浑厚有分量肯定是没错的，要做到这一点就要注意物体边缘的位置。所谓物体边缘位置就是要消失的那个面，把这个面注意到了，并且表现出来，这个物体怎么样都不会太单薄。（图3-15）

（9）气氛

气氛更多地是指整个画面，而不是单独的一个物体。整个画面所营造的气氛氛围是非常重要的，而这种气氛氛围的要素却在于明暗和色彩，如亮的、暗的、冷的、暖的等等。（图3-16）

图3-15

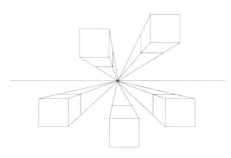

平行透视

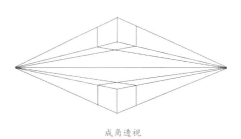

成角透视

图3-14

图3-16 Sergey Skachkov作

## 3.3 人体解剖结构

我们想要把人物画得好，不可避免地要学些解剖知识，从而可以为以后的创作提供更多的发挥空间。

1. 头部结构（图3-17）

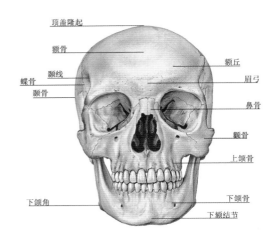

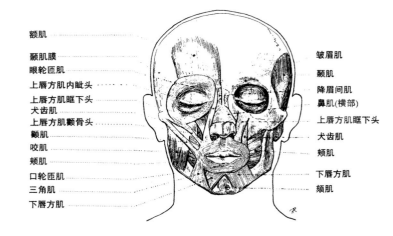

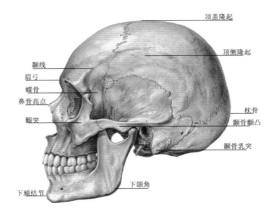

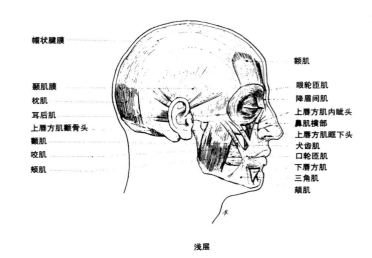

浅层

图3-17

### 2. 五官形体

眼睛在外形上分为眼睑、眼球、眼睫毛、睑颊沟。画眼睛时要抓住内、外眼角的高低和上下眼睑弧线间的差异以及形成的体面转折，还有它与周边眼眶骨之间的关系。（图3-18）

眉毛的内端称为眉头，外端称为眉梢。眉毛的生长方向分为上、下两列进行，且成内圆外方之势。

鼻子由鼻根、鼻梁、鼻头、鼻翼构成，自鼻根至鼻头面的起伏变化有直面状、凹曲面状、凸曲面状等造型特征。总的来说，鼻子的整个造型成梯形立方体，它是整个头部最突出的一个形体。（图3-19）

嘴由上、下颌骨和牙齿组合成上、下两个半圆体状的嘴体，嘴的外形分上唇、下唇和嘴角。嘴的形体十分精细巧妙，作画时，不要把其轮廓和细节都描绘得很重，这样就会失去嘴所特有的富于弹性和灵巧性的形体，也就失去嘴的造型特色了。（图3-20）

耳朵由软骨构成，在外形上由耳轮、对耳轮、耳垂、耳屏、对耳屏、三角窝以及耳轮结节等形体构成。（图3-21）

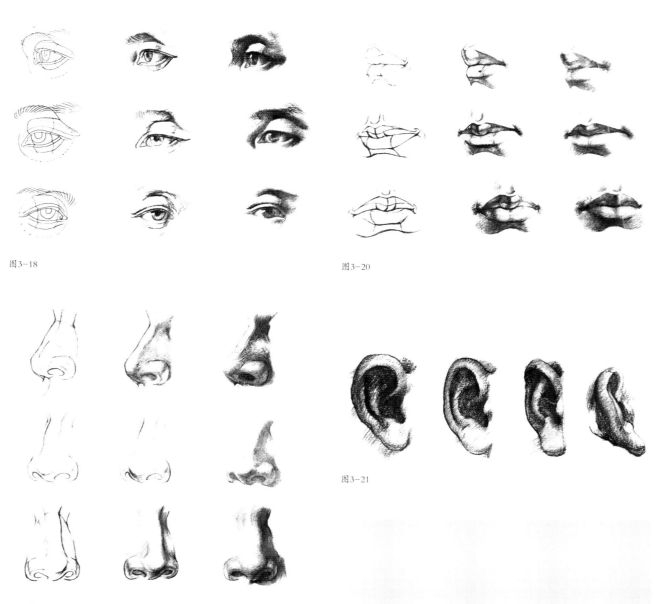

图3-18

图3-20

图3-19

图3-21

### 3. 皱纹

皱纹的生长规律：竖着的肌肉皱纹横着长。就是说肌肉与皱纹成垂直关系。（图3-22）

图3-22

### 4. 表情（图3-23）

笑：眉毛舒展，眼睛眯成一条缝，显出鱼尾纹。上唇方肌、颧肌收缩提起嘴角，显出鼻唇沟，露出上齿。

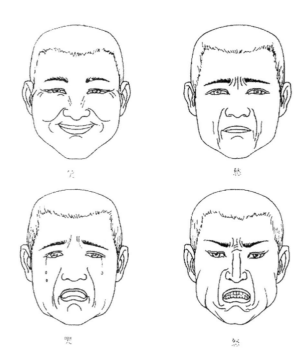

图3-23

愁：眉头紧锁，眉梢下垂，两个外眼角和嘴角都往下搭，显得无精打采、有气无力。

哭：眉梢下垂，眼睛因为有眼泪显得浑浊不清，因下唇方肌和口三角肌收缩，露出下齿，显出鼻唇沟。

怒：全身肌肉绷紧，在头部显示为眉头紧锁，眉毛倒立，眼睛瞪圆，因上唇方肌和下唇方肌等肌肉共同收缩露出上下牙齿。另外，因咬肌和颞肌收缩上牙齿紧紧咬合在一起，把牙齿咬得咯咯响，头发竖起，感觉要把帽子顶出去，所以"怒发冲冠"的成语即源于此。

其他各种表情示意图（图3-24）：

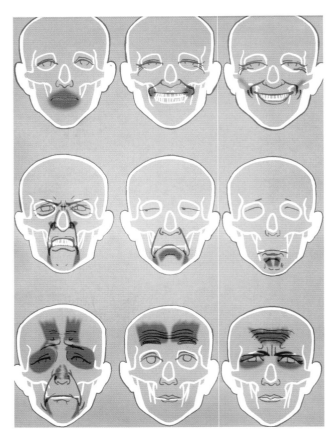

图3-24

另外，人的表情千变万化，还要在生活中多多观察、多多体验，才能掌握微妙的人物表情。

### 5. 手部的形体

从背面看掌指比例为1∶1，从正面看手掌比例为各指的长度等于各自方位上掌长的四分之三。（图3-25）

从背面看手指，第一节长度等于第二节、第三节长度之和。（图3-26、图3-27）

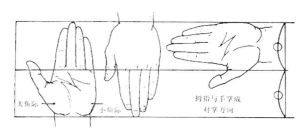

图3-25

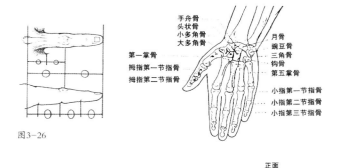

图3-26

图3-27

手部的骨骼一共有27块，其中腕部有8块、掌部有5根、指部有14根。（图3-28）

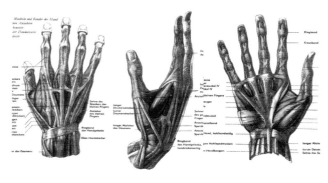

图3-28

在这里解剖学知识就不讲得太细了，有兴趣的朋友可以去看专门的解剖学书籍，了解艺得用解剖学知识对人物造型还是很有好处的。

## 3.4 比例

### 1. 黄金分割比

黄金分割又称黄金律，是指事物各部分间一定的数学比例关系，即将整体一分为二，较大部分与较小部分之比等于整体与较大部分之比，其比值为1：0.618或1.618：1，即长段为全段的0.618。0.618被公认为是最具有审美意义的比例

数字。上述比例是最能引起人的美感的比例，因此被称为黄金分割律。

人体黄金点中所谓黄金点是指一条线段，短段与长段之比值为0.618或近似值的分割点。人体有许多黄金分割点，它是人体美的基础之一。

就人体结构的整体而言，肚脐是黄金点，肚脐以上与脐以下的比值是0.618：1。头顶至脐部，喉结是分割点，它们之间的比值近似0.618。（图3-29）

一般而言，我国成年人的身高为七到七个半头。其他各个年龄段，如图3-30所示。

图3-29

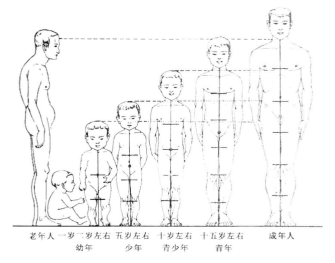

图3-30

如果需要将身体画得长一点的话（如服装效果图一般为八个半头），则多一个的长度平均加到下肢上面，如图3-31所示。

在我国有句口诀叫"立七、坐五、盘三半"。就是说，一个成年人站立的时候是七个头高，坐着的时候是五个头高，盘坐在地上的时候是三个半头高。（图3-32）

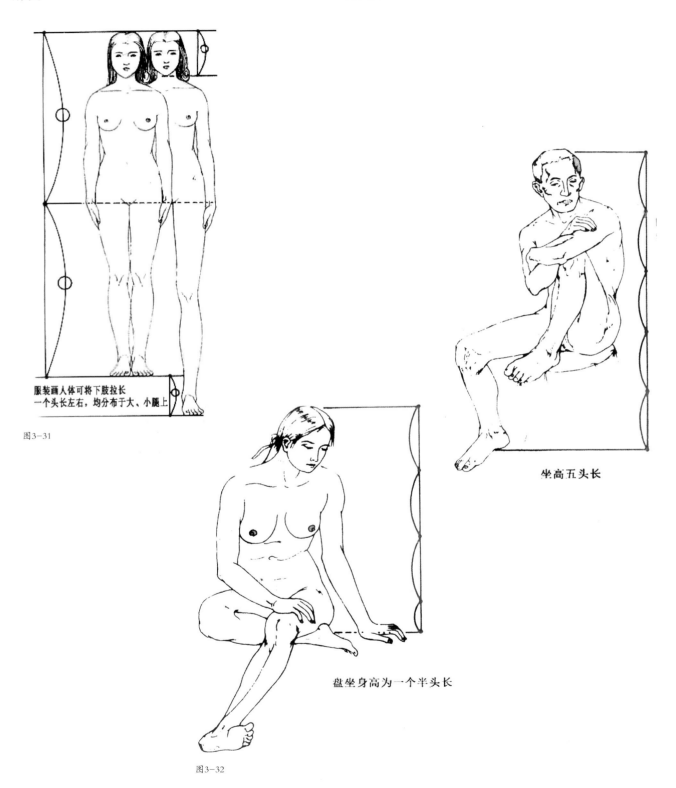

服装画人体可将下肢拉长
一个头长左右，均分布于大、小腿上

图3-31

坐高五头长

盘坐身高为一个半头长

图3-32

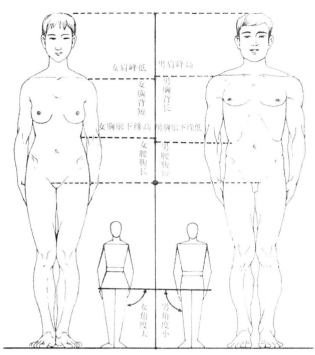

图3-33　男女性别比例关系示意图

### 2. 男女性别比例差异

如图3-33所示，男女的中间点都是以耻骨联合为分界的。男性的脖子粗而显得短，女性脖子细且长，男性的肩膀平宽且厚，女性的肩膀斜窄且薄。男性的肩膀为两个头宽，女性的肩膀为一又四分之三个头。男性的臀宽为一个半头，女性的臀宽为一又四分之三个头。

就背面而言，因为女性的臀下脂肪比较多，臀下弧线位置较低，所以相对整个身体而言下肢就显得比较短，躯干就比较长。相对女性而言男性就显得腿长，躯干短。（图3-34）

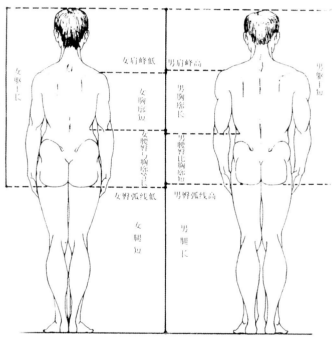

图3-34

# 第4章　色彩规律探索

## 4.1 白光色彩分解

1666年，牛顿用三棱镜分析日光，发现白光由不同颜色(即不同波长)的光构成，即光谱色。（图4-1、图4-2）

光混合：将红、绿、蓝三种色光分别作适当比例的混合，可以得到其他不同的色光。反之，其他色光无法混出这三种色光来，故称这三种色为色光的三原色，它们相加后可得到白光。（图4-3）

颜料混合：将红、黄、蓝三种颜色分别作适当比例的混合，可以得到其他不同的颜色。反之，其他颜色无法混出这三种颜色来，故称为颜料的三原色，它们相加后可得到黑灰色。（图4-4）

红+黄=橙

黄+蓝=绿

红+蓝=紫

红+绿=棕黑

红+黄+白=肤色

深红/大红+黄+群青=黑

红+绿+蓝=黑

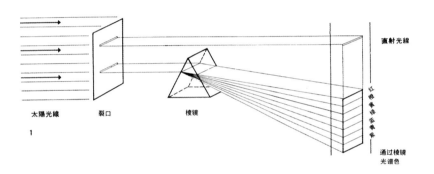

图4-1

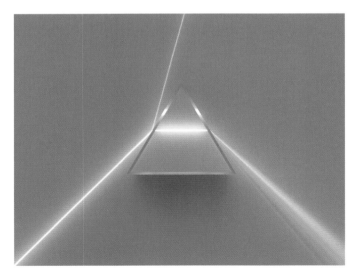

图4-2

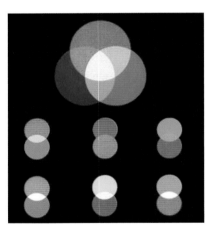

图4-3

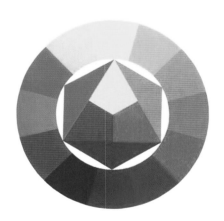

图4-4

色料空间混合：将两种或多种色料颜色穿插、并置在一起，于一定的视觉空间之外，能在人眼中造成混合的效果，故称色料空间混合。其实颜色本身并没有真正混合，由于它实际比色料混合明度显然要高，因此此色彩效果显得丰富、响亮，有一种空间的颤动感，表现自然、物体的光感，更为闪耀。（图4-5）

图4-5　修拉《大碗岛上的星期天》

## 4.2　色彩三要素

色相：指的是色彩的相貌，如红色、黄色、蓝色等都有自己的色彩面目。

明度：表示色彩所具有的亮度和暗度被称为明度。

纯度：指的是色彩的鲜艳程度，三原色的红黄蓝纯度最高，不同颜色调和得越多纯度就越低。

## 4.3　具象的色彩分析

关于具象色彩分析，如图4-6所示。

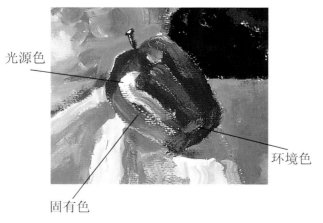

光源色

环境色

固有色

图4-6

## 4.4　七种色彩对比

### 1. 色相对比

两种以上色彩组合后，由于色相差别而形成的色彩对比效果称为色相对比。它是色彩对比的一个根本方面，其对比强弱程度取决于色相之间在色相环上的距离，距离越小对比越弱，反之则对比越强。（图4-7、图4-8）

 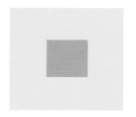

图4-7　　　　　　　　　　图4-8

### 2. 明度对比

两种以上色相组合后，由于明度不同而形成的色彩对比效果称为明度对比。它是色彩对比的一个重要方面，是决定色彩方案感觉明快、清晰、沉闷、柔和、强烈、朦胧与否的关键。（图4-9）

图4-9

### 3. 纯度对比

两种以上色彩组合后，由于纯度不同而形成的色彩对比效果称为纯度对比。它是色彩对比的一个重要方面。在色彩设计中，纯度对比是决定色调感觉华丽、高雅、古朴、粗俗、含蓄与否的关键。（图4-10、图4-11）

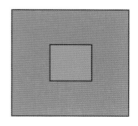 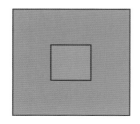

图4-10　　　　　　　　　图4-11

#### 4. 面积对比

形态作为视觉色彩的载体，总有其一定的面积，因此，从这个意义上说，面积也是色彩不可缺少的特性。艺术设计实践中经常会出现虽然色彩选择比较适合，但由于面积、位置控制不当而导致失误的情况。

两种因素决定一种纯度色彩的力量，即它的明度和面积。当两种颜色以相等的色度和面积比例出现时，两色的冲突就达到了高峰，色彩对比关系最强。（图4-12、图4-13、图4-14）

图4-12　　　　　图4-13　　　　　图4-14

#### 5. 补色对比

将红与绿、黄与紫、蓝与橙等具有补色关系的色彩彼此并置，使色彩感觉更为鲜明，纯度增加，称为补色对比。它们在色轮中通过中心成一条直线的都是补色对比，如红与绿、黄与紫等。（图4-15、图4-16）

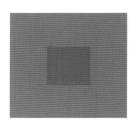 

图4-15　　　　　　　图4-16

#### 6. 冷暖对比

由于色彩感觉的冷暖差别而形成的色彩对比，称为冷暖对比（红、橙、黄使人感觉温暖；蓝、蓝绿、蓝紫使人感觉寒冷；绿与紫介于其间）。另外，色彩的冷暖对比还受明度与纯度的影响，白光反射高而感觉冷，黑色吸收率高而感觉暖。（图4-17）

#### 7. 同时对比

所谓色彩的同时效应，是指发生在同一时间、同一视域之内的色彩对比，称为色彩的同时对比。例如将纯红色和黄绿色并列放在一起时，对于红色来说，在视觉上要求绿色作为补色；对于黄绿色来说，就要求紫红色作为视觉补色。这种现象或效果就叫做色彩的同时效应对比。（图4-18）

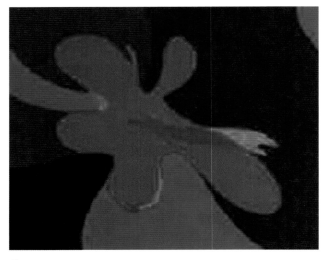

图4-17

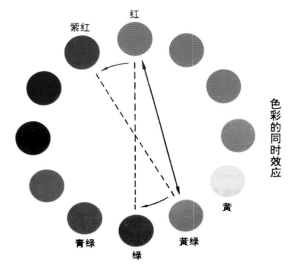

图4-18

一般地说，在有两种色彩的情况下，如果它们各自的颜色都是纯色的时候，就会在视觉上出现上述效应。也就是说，会产生以各自的补色去避开对方的效果。

在这种效果中如果继续观看下去的话，眼睛就会疲劳，而且印象效果会变得更强。这时色彩看起来会受新的效果影响，从而在某种程度上失去了自己的特征。

在具体设计过程中，最值得注意的问题就是色彩同时效应。由于设计者的不同，同时由于主题的要求，一定会使色彩出现多种多样的情况。如何计划、安排出好的同时效应，这其中也反映了设计师个性的形成。如果以抽象的角度去论证的话，可以说设计色彩基本上是由色彩的同时效应组成的。

平常所说的人的色彩感觉，无论怎么讲，不外乎是指对色彩的同时效应的判断与处理能力。这种能力通过训练是可以掌握的。

　　事实上，色彩单项对比的情况很难成立，它们不过是色彩对比中的一个侧面，因此，在创作和设计实践中都较少应用。设计师在进行多种色彩综合对比时要强调、突出色调的倾向，或以色相为主，或以明度为主，或以纯度为主，使某一主面处于主要地位，强调对比的某一侧面。从色相角度可分为红、绿等色调倾向。从明度角度可分浅、中、灰等色调倾向。从感情角度可分冷、暖、华丽、古朴、高雅、轻快等色调倾向。

## 4.5　色彩的和谐

　　色彩上的和谐有：

　　（1）物体的色相安排上使用近似色。（图4-19）

　　（2）在物体对比色相中加入相同的色相使之和谐。（图4-20）

　　（3）在物体对比色相之间置入过渡色（金、银、黑、白、灰）使之和谐。（图4-21）

图4-20　林明庆作

图4-19　Jonathan Weiner作

图4-21　Sergey Skachkov作

# 第5章　构图规律探索

## 5.1　主体的设置

### 1.　左右表现

如图5-1所示，其他有方向性的物体也是以此类推。（图5-2）

**主体的设置方法之一：左右表现**

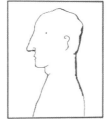  

主体摆在正中央时，左边显得不舒畅。　主体挪往左边时，显得从背后被挤压着。　主体稍向右侧摆动，出现了最好的视觉均衡。

图5-1

图5-2

### 2.　上下表现

如图5-3、图5-4所示。

**主体的设置方法之二：上下表现**

中心线

不稳定　　　　不稳定　　　　稳定

图5-3

不稳定　　　稳定　　　稳定　　　不稳定

图5-4

## 5.2　边缘放置

图5-5，瓶子的边缘和画面的边缘挨在一起，不舒服，构图不舒畅，此为构图的大忌。图5-6，瓶子放在最中央，显得较为死板。

如果一个物体的边缘外形被剪裁得过多，人的眼睛就无法复原一个完整的形体。如图5-7中的树是可复原的，我们看画面里边的树，感觉仍然是完整的，不会有硬生生给剪裁掉的感觉。图5-8中的瓶子如果剪裁掉一半的话是不能复原的，图5-9中剪裁一点点我们还是可以感觉这是一个完整的瓶子，所以是可复原的。

主体的剪裁方法：

主体的可复原性，在剪裁画面中的主体时，图5-10中的形状是在可以复原主体范围内处理的。画面以外被切除的部分还可以参与画面的功能。

图5-5　　　　　　　　　　图5-6

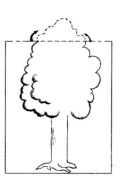 

不能复原

图5-7　　　　　　　　　　图5-8

可以复原

图5-9　　　　　　　　　　图5-10

## 5.3　构图的实验

我们以三个苹果为例，试着分析下构图的一些样式例子。当然也可以触类旁通，把苹果换成别的物体也是成立的。

图5-11，这是在桌面上设置主体的草图，虚线表示画面的大小。

图5-12，依照原样再现主体的画面。

图5-13，这是在图5-12的基础上考虑到平衡的构图。

图5-14，不改变主体原面积的大小，再现其画面，同时，主体具有横向扩张的特点，又顾及画面的平衡而剪裁掉了的构图。

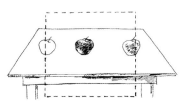

图5-11

图5-12

图5-13

图5-14

## 5.4　构图的形式法则

### 1. 对称

自然界中到处可见对称的形式，如鸟类的羽翼、花木的叶子等。所以，对称的形态在视觉上有自然、安定、均匀、协调、整齐、典雅、庄重、完美的朴素美感，符合人们的视觉习惯。平面构图中的对称可分为点对称和轴对称。假定在某一图形的中央设一条直线，将图形划分为相等的两部分，如果两部分的形状完全相等，这个图形就是轴对称的图形，这条直线称为对称轴。假定针对某一图形，存在一个中心点，以此点为中心通过旋转得到相同的图形，即称为点对称。点对称又有向心的"求心对称"，离心的"发射对称"，旋转式的"旋转对称"，逆向组合的"逆对称"，以及自圆心逐层扩大的"同心圆对称"等等。在平面构图中运用对称法则要避免由于过分地绝对对称而产生单调、呆板的感觉，有的时候，在整体对称的格局中加入一些不对称的因素，反而能增加构图版面的生动性和美感，避免了单调和呆板。（图5-15）

图5-15　林明庆作

### 2. 均衡

在天平上两端承受的重量由一个支点支持，当双方获得力学上的平衡状态时，称为平衡。在平面上的平衡并非实际重量等力矩的均等关系，而是根据形象的大小、轻重、色彩及其他视觉要素的分布作用于视觉判断的均衡。这一点更像是传统上的秤（如图5-16所示）。平面构图上通常以视觉中心（视觉冲击最强的地方的中点）为支点，各构成要素以此支点保持视觉意义上的力度平衡。（如图5-17所示）

在实际生活中，平衡是动态的特征，如人体运动、鸟的飞翔、野兽的奔驰、风吹草动、流水激浪等都是平衡的形式，因而平衡的构成具有动态性。

### 3. 对比与统一

对比又称对照，把反差很大的两个视觉要素成功地配列于一起，虽然使人感受到鲜明强烈的感触但仍具有统一感的现象称为对比，它能使主题更加鲜明，视觉效果更加活跃。对比关系主要通过视觉形象色调的明暗、冷暖，色彩的饱和与不饱和，色相的迥异，形状的大小、粗细、长短、曲直、高矮、凹凸、宽窄、厚薄，方向的垂直、水平、倾斜，数量的多少，排列的疏密，位置的上下、左右、高低、远近，形态的虚实、黑白、轻重、动静、隐现、软硬、干湿等多方面的对立因素来达到的。它体现了哲学上矛盾统一的世界观。对比法则广泛应用在现代设计当中，具有很大的实用效果。（图5-18）

造型上的对比有：位置对比、大小对比、长短对比、多少对比、曲直对比、繁简对比、动静对比、虚实对比、疏密对比。

色彩的对比：七种对比。（参考第4章色彩规律探索的色彩对比部分）

图5-16

图5-18 林德全作

图5-17 刘元东作

#### 4. 节奏与韵律

节奏本是指音乐中音响节拍轻重缓急的变化和重复。节奏这个具有时间感的用语用在构图上是指以同一视觉要素连续重复时所产生的运动感。

韵律原指音乐（诗歌）的声韵和节奏。诗歌中音的高低、轻重、长短的组合，匀称的间歇或停顿，相同音色的反复及句末、行末利用同韵同调的音相加以加强诗歌的音乐性和节奏感，就是韵律的运用。在构图上单纯的单元组合重复易于单调，由有规则变化的形或色按照一定的秩序组合排列，使之产生音乐、诗歌的旋律感，称为韵律。有韵律的构成具有积极的生气，有加强魅力的能量。（图5-19）

#### 5. 边角处理

金角银边：四角不能太实，也不能太虚却要有变化。（图5-20）

#### 6. 和谐

宇宙万物，尽管形态千变万化，但它们都各按照一定的规律而存在，大到日月运行、星球活动，小到原子结构的组成和运动，都有各自的规律。爱因斯坦指出：宇宙本身就是和谐的。和谐的广义解释是：判断两种以上的要素，或部分与部分的相互关系时，各部分所给我们的感受和意识是一种整体协调的关系。和谐的狭义解释是统一与对比两者之间不是乏味单调或杂乱无章。单独的一种颜色、单独的一根线条无所谓和谐，几种要素具有基本的共通性和融合性才称为和谐。比如一组协调的色块，一些排列有序的近似图形等。和谐的组合也保持部分的差异性，但当差异性表现得强烈和显著时，和谐的格局就向对比的格局转化。

形的和谐手法：物体之间的外形相似取得和谐，物体之间外形互相渗透取得和谐，通过排列组合的有序性使物体之间在外形上取得和谐。（图5-21）

色彩上的和谐（参考第4章色彩规律探索的色彩和谐部分）。

图5-20 Sergey Skachkov作

图5-19 Alyfell作

图5-21 Sergey Skachkov作

# 第6章  方法步骤

## 6.1 《女人体》步骤图  林德全作

图6-1

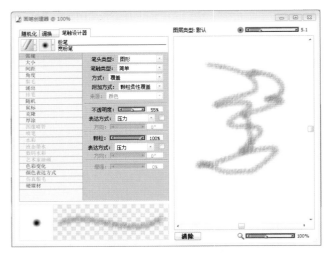

图6-3

　　软件用的是Painter，在起稿之前先进行一些设置（图6-2）。首先设置好画纸，在这里选择的是意大利水彩纸，因为后面想要点纹理效果。意大利水彩纸有很自然的纹理效果，所以画笔的选择也是选硬质类画笔，在这里选择的是粉笔里的宽粉笔，它能很好地反映纸纹效果。下列图片所示的参数是对这款粉笔的属性作了一些调整。调整后的笔触效果柔和而又有纹理。

　　画笔常规属性调节参数。（图6-3）

　　画笔大小属性调节参数。（图6-4）

　　画笔间距属性的调节参数。（图6-5）

　　画笔涌出属性调节参数。（图6-6）

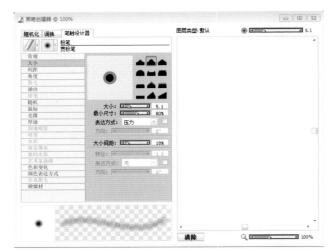

图6-4

图6-2

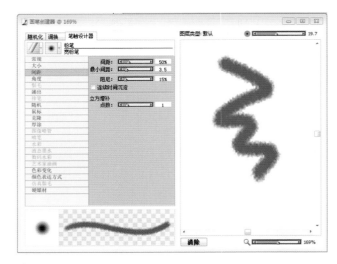

图6-5

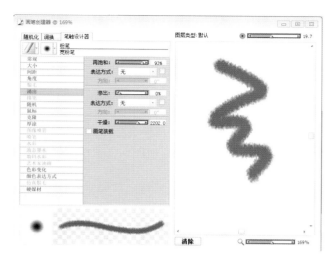

图6-6

1.　起稿，新建一个图像窗口，分辨率为300，背景为白色。弄好这些之后新建一个图层就可以直接起稿了。（图6-7）

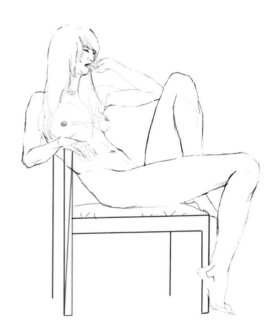

图6-7

2.　完成起稿后在画布用油漆桶工具填充一个灰色。（图6-8）

3.　新建一个图层，把线稿层放在上面，然后再新图层上可先平涂一遍颜色，因为粉笔具有很强的覆盖性，可以反复塑造。（图6-9）

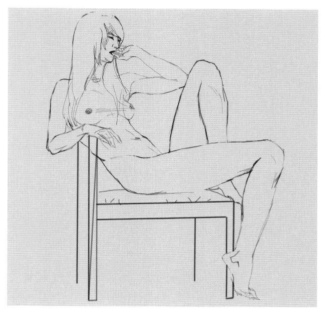

图6-8

图6-9

4. 画上大概的冷暖明暗效果。这一阶段务必要根据形体来画上冷暖明暗，因此对形体的理解与把握就显得尤为重要。（图6-10）

5. 深入刻画，对手和五官的刻画要充分而具体，来不

得半点模糊。（图6-11）

6. 调整完成，这个阶段需要注意整个画面的完整性，如对色调不满意的话，也可以放进PS里面调整。（图6-12）

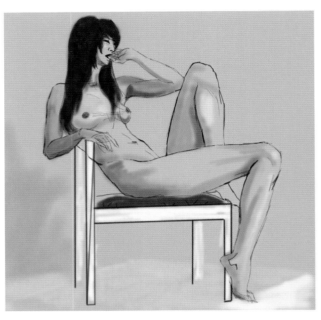

图6-10

图6-12

图6-11

## 6.2 《哈尔同人图》步骤图 方晓芳作

图6-13

图6-14

图6-15

### 1. 线稿部分

首先，线稿部分我用了软件SAI进行绘制，因为SAI画出来的线条很流畅。根据个人需要线稿也可以在Photoshop或者Painter里面绘制，甚至可以手绘扫描进电脑里进行创作。（图6-14）

### 2. Photoshop部分

接着打开Photoshop，在Photoshop里面将背景改成黑色，利用选取工具对人物的每个部分进行分图层上色，这样做很方便每个部分日后的修改，而且一开始分好颜色覆盖的区域，在Painter里上色就不会超出线稿区域范围。这一步也可以在Painter里完成，但是我个人习惯用Photoshop。（图6-15、图6-16）

在Photoshop里填好，分好图层的效果如图6-17所示，保存为PSD导出。

图6-16

然后开始对头发进行初步细节上色，在这里要对之前分好的每个图层勾上"保持透明度"，这样在这个图层里无论怎么画，都不会超出之前单色的范围。（图6-20）

图6-20

头发初步的明暗效果如图6-21所示。

然后是衣服领子的暗部，用了暗红和暗紫色。（图6-22）

图6-17

### 3. Painter部分

接着在Painter里打开文件，因为我想制作出有点质感但又不显得粗糙的画面感，所以我用了下面的笔刷进行细节的绘制。（图6-18）

图6-18

大概参数如图6-19所示，但是大小和不透明度会根据需要而进行调整。

图6-19

图6-21

图6-22

　　白衫的部分多用丰富的环境色表现明暗，这样不会显得死板不通透。（图6-23）

　　接着是皮肤，注意用色通透，表现皮肤的质感。（图6-24、图6-25）

　　然后对该调整的地方调整，如头发的明暗添加环境色，瞳孔、项链、戒指等添加细节。整体效果如图6-26所示。

图6-23

图6-25

图6-24

图6-26

在确保各个图层的用色搭配确定之后，对线稿进行局部颜色的改变，使其更好地和颜色图层融为一体。（图6-27、图6-28）

图6-27　　　　　　　图6-28

然后合并关于人物的所有图层。

接着创建水彩图层，用各种水彩笔混合制作出水彩背景。这个步骤可以很随意地使用各种笔刷。（图6-29、图6-30）

图6-30

图6-29

这样文件里就有背景和人物两个图层，效果如图6-31所示。然后存盘导出PSD。

图6-31

### 4．Photoshop部分

接着为了让画面更有水彩的风格，我们重新在Photoshop里打开文件。

复制多一层之前的水彩背景，放在图层的最上层。设置如图6-32所示的图层混合模式和透明度。

图6-32

然后Ctrl+U调出如图6-33所示的面板，勾选预览，根据画面需要在色相上调整色条。

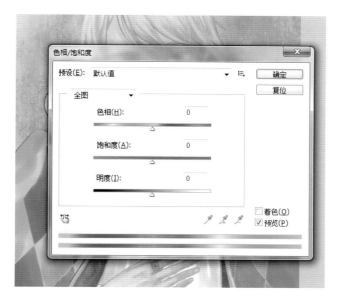

图6-33

效果如图6-34所示，整个画面更有水彩风了。

图6-34

接着丰富背景。我复制了人物图层，用选区工具填充了一个深蓝色人物轮廓，图层模式正片叠底，调不透明度百分之五十。（图6-35）

图6-35

然后新建文字图层，图层模式正片叠底，调不透明度百分之七十。

多复制了几层，改颜色大小，变换位置。（图6-36）

然后复制了该文字图层，在软件上面的"滤镜"菜单中找到"模糊——高斯模糊选项"，进行参数调整，效果如图6-37所示。

进行文字的排列。（图6-38）

图6-36

图6-37

图6-38

最后完成效果如图6-39所示，导出存盘。

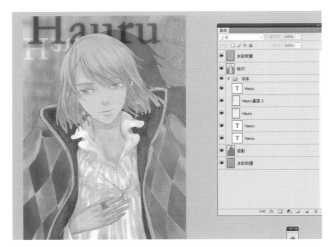

图6-39

## 6.3 《茧》步骤图　徐汉璐作

图6-40

1. 起稿，软件用的是PS，新建一个文档，然后用剪影的方式确定好轮廓。（图6-41）

2. 添加明暗，画好五官位置的基本造型，这一步还没想好要画什么角色。（图6-42）

3. 决定画个黑暗系的妖精类，考虑下构成元素加了一对恶魔骨架。耳朵类似蝙蝠翅膀，背部的恶魔眼有参考鳄鱼眼，反转图像是确定脸有没有变形。（图6-43）

4. 用曲线快速调出基本颜色，角色属黑暗类，所以偏冷。（图6-44）

5. 从脸部着手，刻画自己感兴趣的部位，用正片叠底和叠加的模式给角色润色。（图6-45）

6. 觉得画半身不够而加了下半身，形体慢慢再调整，继续给角色上妆。（图6-46）

7. 添加衣服和小细节，慢慢调整手部姿势和细化皮肤。最右面打了盏暖光，丰富画面。（图6-47）

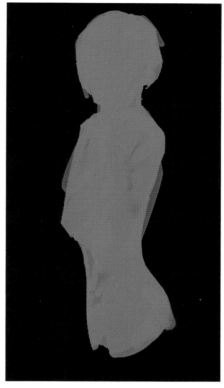

图6-41

图6-42

图6-43

图6-44

图6-46

图6-45

8. 造型需要添加了头发，装备开始细化，设计基本结束，开始进行漫长的刻画过程。（图6-48）

图6-47

图6-48

9. 细节刻画完毕，调整光源和整体效果，签名完成。
（图6-49）

图6-49

6.4 《生如夏花》步骤图 周晓晴作

图6-50

1. 起稿：起稿的方式有很多种，在这里软件用的是Painter，可以先建两个图层，第一个图层先定出大概的位置，比如人物、花朵的位置。第二个图层在第一个图层的基础上，描画出具体的事物、细节。通过隐藏第一个图层来对比物体的位置，便于构图。如图6-51所示，在画笔的选择上可用数字喷笔直接起稿。

线描完成后，可以在此基础上复制一个线描图层，再合并，以至线描稿更加清晰。如图6-52所示。

图6-51

图6-52

2. 上色：该作品完全采用平图的方式，只是人物就采用工笔人物画中的涂抹方法，如图6-53所示。画笔的选择上可用数字简单水彩笔。

上色的时候根据具体的事物新建图层上色，以便修改，比如花朵一个图层，人物一个图层，背景一个图层等，以便于调整色彩和做效果。如图6-54所示。

图6-53

图6-54

3．刻画：等所有物体上色完毕后，稍微刻画一些细节，比如花朵内部的细节、人物头部的细节等。在背景上的一些亮点用的是数字水彩笔的撒盐画笔。最后还用了特效画笔的发光画笔，如图6-55所示。

4．完稿：刻画主要物体完毕后，调整各个图层的色彩关系，最后再合并图层，对整个画面的色彩统一调整，如图6-56所示。

图6-55

图6-56

## 6.5 《小男孩》步骤图　郑丹琳作

图6-57

图6-58

1. 把之前画的手稿用扫描仪扫进电脑后导入PS。（图6-59）

2. 因为扫描仪扫出来的效果不好，调了一下亮度对比值。

3. 新建图层，图层选择正片叠底效果，用画笔1先填上大色块。画笔1是电脑自带的，有边线自动模糊效果，非常好用。或者直接用圈线工具圈出来后用油漆桶直接倒进选区内也是可以的。（图6-60、图6-61）

图6-60

图6-59

图6-61 自定义画笔1

4．新建图层，图层选择柔光效果，用画笔2或者继续用画笔1在脸部较亮的地方涂抹。画笔2画出来比较有画笔特色，而用画笔1会比较柔和。（图6-62、图6-63）

5．新建图层，图层位于大色块图层下面。选取自己喜欢的颜色，画笔不透明度调到30%左右。在不想要有颜色的地方用蒙版把颜色去掉。（图6-64、图6-65）

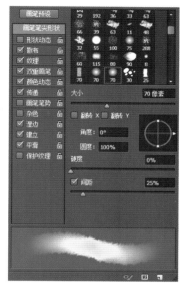

图6-63　自定义画笔2　　　　　　　　　　图6-65

图6-62

图6-64

6. 为了使画面不太空旷，用喷枪画笔在背景上喷出点点效果。（图6-66）

图层因为颜色原因造成过暗，所以给图片调个亮度（图6-67），再调个自己喜欢的颜色。（图6-68）

7. 调整后的颜色效果。（图6-69）

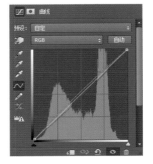

图6-67　　　　　　　　　　　图6-68

图6-66

图6-69

图6-70

图6-71 自定义画笔3

8. 新建图层，用画笔3在人物上加上一些细节，如衣服纹路等等。在需要重色的线条的地方加重一下线条。（图6-70、图6-71）

9. 凭个人兴趣，在画面上加上效果。新建图层，图层选择强光效果，用画笔1，透明度调为13%左右，选取淡颜色，画出点点光效果，调整完成。（图6-72）

图6-72

## 6.6 《场景》步骤图 莫曼先作

图6-73

1. 草图阶段，根据剧情的要求绘制草图。草图阶段可以稍微放松去画，不用太注重细节。主要把构图透视画准，这一阶段可以先用蓝色的笔去画，然后再用红色的笔去进一步确认画成完整稿。然后把绘制好的草图放在拷贝台上，在其上面叠上一张白纸，然后用自动铅笔描线。这个阶段要注意把握物体的结构穿插关系。将描好线的线稿扫描到电脑里，分辨率为300。（图6-74）

2. 上色阶段，上色软件根据动画片的要求选择不同的软件，一般常用Photoshop软件。（图6-75）

3. 将扫描好的线稿导入Photoshop软件里面，然后调整色阶，让线稿更加清晰，然后新建一层，将其图层属性改为"正片叠底"，上色开始用平涂的方法平铺，接着把物体的亮面、暗部、反光分别画出。（图6-76）

4. 在这一阶段中，注意把画面分为前景层、中景层、背景层。如果色彩上得不理想，可以在"图像—调整"里面进行调整。最后再新建一层，将其图层属性改为"正片叠底"，这一图层主要是画物体的投影，可以先选用较重的颜色去画，画完之后如果觉得投影过重，可以将该层的透明度调低到满意为止，最后调整完成。（图6-77）

图6-74

图6-75

图6-76

图6-77

## 6.7 《寒城遗迹》步骤图　小刀作

图6-78

1. 前期用透视线定好消失点，并开始思考画面的整体构图。（图6-79）

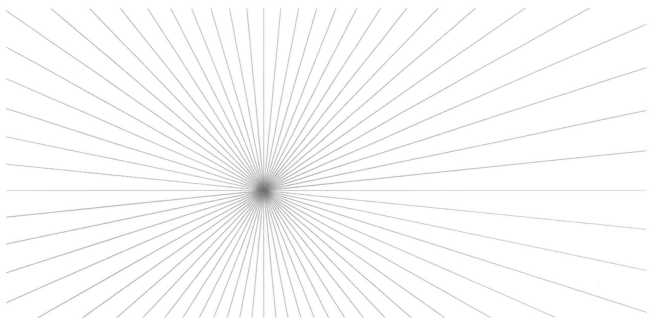

图6-79

图6-80

图6-81

图6-82 圆头笔刷

    2. 故事构思需要一个战后的机械遗迹，因此我将机械
遗迹定在山间，并开始起稿。（图6-80）

    3. 草图完成后，收集素材，用圆头画笔，分清画面的
黑白灰关系，完善画面整体的构图。（图6-81、图6-82）

4. 用烟雾笔刷画出背景的云，用减淡工具在右侧山体后面添加光源。（图6-83、图6-84）

5. 开始主体设计，注意层次、结构和点线面的分布。同时，也开始刻画遗迹建筑，注意楼房分布的疏密，这样会使画面更加有层次。（图6-85）

图6-84 烟雾笔刷

图6-83

图6-85

图6-86

图6-87

图6-88　小点笔刷

6. 用色相调整，调出画面的冷暖色调，用圆头笔对颜色进行进一步调整。（图6-86）

7. 添加画面的雾气，新建一个图层，用小点笔添加白点，使用运动模糊增加暴风雪效果，最终降低画面的整体明度，调整完成。（图6-87、图6-88）

# 第7章 作品欣赏

Sergey Skachkov作

林德全作

林德全作

林德全作

刘元东作

刘元东作

Boris作

Boris作

Vania Zouravliov作

日本空山基作

日本空山基作

Arantza Sestayo 作

Daniel LuVisi作

Jerad S Marantz作

莫曼先作

参考
文献

[1]林庆明. 动感CG——Painter古典风格插画设计[M]. 北京：中国电力出版社，2009.

[2]袁媛. Painter11技术大全[M]. 北京：人民邮电出版社，2011.

[3]郑俊浩. Photoshop/Painter插画绘画技法[M]. 北京：人民邮电出版社，2012.

[4]白鸽. 画面构成技法[M]. 北京：北京工艺美术出版社，1998.